아이의 그릇

아이의 그릇

내 아이의
잠재력을 찾아주는
기질의 힘

이정화 지음

포레스트북스

들어가며

아이들은 씨앗과 같다. 식물을 키워본 사람은 알 것이다. 모든 꽃에 똑같은 주기로 물을 준다면 어떤 꽃은 싱싱하게 잘 자라는 반면, 어느 꽃은 물을 머금고 죽고 만다. 또 어떤 식물은 서늘한 날에 꽃을 피우는가 하면 어떤 식물은 조금이라도 기온이 떨어지면 맥을 못 춘다. 모든 식물이 각각 다른 채광과 수분, 온도를 필요로 하듯 아이들 역시 타고난 기질에 따라 필요로 하는 교육의 방식이 다르다. 이것이 20년 동안 내가 아이들을 만나면서 깨달은 사실이다.

내가 일하는 심리상담실에 찾아오는 부모들이 가장 많이 하는 말은 "대체 우리 아이가 왜 이럴까요?"다. 그럴 때 내가 부모들에게 해줄 수 있는 말은 아이들의 타고난 기질, 즉 DNA를 제대로 파악하고 인정해줘야 한다는 것이다. 솔직히 말해 아이들의 발달 과정에서 가장 큰 영향을 미치는 것은 단연 아이가 가지고 태어난 기질이다.

물론 아이들의 성장에 영향을 미치는 요인은 다양하다. 가정 내 분위기, 부모의 양육 태도, 아이의 타고난 능력, 성장 환경 등 무궁무진하다. 하지만 같은 자극이라 할지라도 각자 타고난 기질에 따라 다르게 받아들이고, 이것이 곧 다른 행동으로 나타난다는 것을 연구를 거듭할수록 더욱 실감하게 된다.

상담을 하면서 한 부모 아래 자라나는 형제나 자매이지만 너무나 다른 특성을 보이는 경우를 자주 목격한다. 한 번 규칙을 세우면 예외가 없는 엄격한 부모 밑에서 첫째는 순응적이고 룰을 지키는 것에 모든 에너지를 쓰는 아이인데 반해, 둘째는 자유로움을 추구하고 틀에 가두려는 부모에게 반항적인 모습을 보이는 현상을 어찌 양육 환경에 따른 결과라 말할 수 있겠는가.

세밀하게 신경 써주는 엄마의 양육 방식이 어떤 아이에게는 편안하고 안전한 요람같이 느껴지는 반면, 자신의 자율성을 제한하고 답답하게 만드는 잔소리나 올가미처럼 느껴진다고 불만을 토로하는 아이가 있는 것 역시 아이가 가지고 있는 본연의 기질적 차이라고 해석할 수밖에 없지 않을까?

그만큼 타고난 기질은 아이들의 모습과 성격, 세상을 바라보는 시각을 만드는 모든 영역에 영향을 미친다. 마치 하나의 씨앗이 성숙해 꽃을 피우는 과정에서 각기 다른 채광과 수분, 온도를 필요로 하듯이 내가 가진 씨앗의 속성을 얼마나 잘 알고 그에 맞게 적절하게 양육받았느냐에 따라 성장 정도가 다르듯이 말이다.

이것이 우리가 아이들의 기질을 제대로 알아야 하는 근원적인 이유다. 그간의 심리치료 과정에서 내가 만난 아이들 거의 대부분은 자신의 기질을 세상에서 수용받지 못해 위축된 모습이었다. 자신의 씨앗 안에 숨겨진 장점과 가치를 깨닫지 못해 스스로를 부족하고 아무것도 해내지 못하는 사람이라는 열등감에 시달렸다. 이런 상황이 되풀이되다 보니 다른 사람들에게 비난받을 것이 두려워 어떤 일에도 쉽사리 도전하지 못하고 이

내 포기하고 마는 일이 잦아졌다. 이 모든 것이 아이의 기질에 알맞은 양육 환경을 제공하지 못한 탓이다.

인간은 세상의 시선을 통해 성장한다. '잘하고 있어', '넌 충분히 해낼 수 있어' 등과 같은 인정과 칭찬으로 우리가 하는 모든 일에 대해 가치를 부여하면 우리는 그 인정과 칭찬을 부여한 상대를 신뢰하고 더 나은 결과를 만들어내기 위해 자신의 의지와 열정을 불태운다. 반대로 무관심하거나 내가 갖고 있지 않은 무언가를 자꾸 내놓으라고 하면 그 길을 가기도 전에 좌절하거나 무력해지기 십상이다.

이 관계에서 긍정적 선순환을 만드는 핵심 고리는 어디에 있을까? 그것은 바로 있는 그대로 그 사람의 타고난 기질을 받아들여주는 과정에 있다. 받아들인다는 것은 그가 가지고 있는 모든 것을 평가나 비판 없이 '있는 그대로' 수용하는 것을 뜻한다.

심리치료를 하다 보면 아이들에게 숨어 있는 능력이 보인다. 마치 시골길에 소담스럽게 피어 얼핏 보아서는 그 가치를 모르지만 자세히 보아야 예쁜 꽃처럼 하나같이 너무나 개성이 넘치고 아름답다. 이때 그 색깔이 예쁘냐, 그렇지 않느냐는 사실 그 색깔의 가치를 보는 타인의 시선에 있다. 색깔은 그저 자기의 빛깔을 보여줄 뿐인데 말이다.

아이들도 마찬가지다. 가치 판단만 없애면 그들이 가지고 있는 기질에서 아주 독특하고 유능한 강점을 발견할 수 있다. 중요한 것은 강점을 그저 인정하기에서 그치는 것이 아니라 그 강점을 중심으로 학습하고, 대화하고, 동기부여하고, 자신의 목표를 성취해낼 수 있도록 돕는 방법까지 새로이 디자인된 양육 환경이 조성되어야 한다.

이 책은 내 아이 기질에 맞는 양육 환경을 어떻게 디자인해주어 그가 세상에서 자신을 유능하게, 그리고 가치 있게, 그래서 살맛 나게 살아갈 수 있도록 돕느냐에 초점이 있다.

천편일률적인 양육이 아니라 이 세상에 단 하나뿐인 내 아이의 기질에 꼭 맞는 햇빛, 수분, 온도를 갖춘, 그래서 아이가 자신이 가진 장점을 거침없이 내보이며 주어지는 다양한 과제를 즐겁고 자연스럽게 해나갈 수 있는 방법을 찾아보는 일을 시작하려 한다.

내가 만난 많은 아이들이 자기를 자기답게 인정해줄 때 기뻐하고, 안심하며, 새로운 자신이 되기 위해 의지와 열정을 갖던 많은 장면들을 자라나는 모든 아이들이 경험할 수 있었으면 하는 바람으로 말이다.

4차산업혁명시대의 아이들을 키워내야 하는

변환의 길목에서

저자 이정화

차례

4부 부모와 아이의 뇌 궁합

1부

달라도 너무 다른 내 아이

외모는 유전되지만 성격은 유전되지 않는다?

오늘도 기훈이 엄마는 아이를 학교에 보내놓고 혼이 다 빠진 듯하다. 매일 아침 "아차, 그게 있었지? 준비물 또 두고갈 뻔했네!"를 일주일에 최소 여섯 번 이상 외치는 기훈이를 보면 한숨만 나온다. 아무리 이해하려 해도 이해할 수도, 인정할 수도 없다. 때로는 화를 내고, 때로는 열심히 타일러도 보지만 아이는 전혀 달라질 생각이 없는 것 같다.

한편 영미 엄마는 아이와 대화를 나누거나 행동을 보는 것만으로도 답답하고 숨이 막힌다. 자신이라면 대답을 열 번은 더 했을 시간인데 영미는 멀뚱히 자신을 바라볼 뿐이다. 그런 영미와 대화하고 있다 보면 별일 아닌데도 답답해서 큰소리를 내기 일쑤다. 더군다나 영미는 친구들과 어울릴 때도 자기주장을 펴지 못해 늘 밀리고 당하는 느낌이다. 영미 엄마는 영미가 다른 사람에게 무시 당할까 봐 정말 걱정이 된다.

상담실에 와서 부모님들이 가장 많이 하는 말은 "누굴 닮아서 이러는지 모르겠어요", "저는 안 그랬는데, 얘는 대체 왜 이럴까요?"다. 조용하고 차분한 성격의 부모와는 상반되게 잠시라도 입을 닫고 있으면 큰일날 것처럼 말이 많은 아이, 다양한 경험을 인생 최고의 가치로 두는 부모여서 아이에게 더 많은 것을 즐기게 해주고 싶은데 집에서 나가는 것을 귀찮아하고 혼자 노는 것만 좋아하는 아이, 성미 급한 부모의 화를 돋우는 것이 사명인 양 무엇을 해도 남들보다 최소한 10분 이상은 더 걸리는 느린 아이, 참을성이 미덕이라고 믿고 말하기 전 최소한 세 번 이상 생각하는 아버지와 달리 자기가 생각한 것은 거르지 않고 목소리 높여 자기 의견을 주장하다 못해 폭발해버리는 아들 등 정말 이들이 한 가족일까 싶을 정도로 서로 다른 성향을 가진 부모와 자녀는 너무나 많다.

이런 현상을 보고 있자면 우주가 신비롭다는 생각이 든다. '통합'을 이루는 것이 인간의 가장 성숙한 모습이라고 가정한다면 이 조합은 어쩌면 당연한 일일 것이다. 내가 가지고 있지 않은 점, 나의 성격과 상반되는 점, 평소 내가 가장 지양했던 점 등을 갖고 있는 내 아이가 만약 내 자식이 아니라면 애써서 견디고 탐색하고 소통하려고 노력하겠는가? 아마도 타인이라면 일정 거리를 유지하거나, 이해할 수 있는 측면만 받아들였을 것이다.

부모가 자녀를 양육하는 과정에서 인내해야 하는 것, 이해하지 못하는 점에 대해 포기하는 것이 아니라 받아들이고, 함께 느끼고, 그리고 더 나은 모습으로 발전시키려고 노력하는 과정에서 알게 되는 자신의 장점과 단점, 중요한 가치와 외면하고 있는 점 등을 자녀가 아닌 그 누구와의 상호작용에서 알 수 있을까?

솔직히 말해 부모가 자녀의 모습을 있는 그대로 받아들이는 일은 상당히 어렵다. 왜냐하면 사람들은 자신의 성장 과정에서 형성된 경험이 보편적이고 일반적이며, 최선의 모습이라고 착각하기 쉽다. 그리고 그 경험을 바탕으로 아이들을 가르치고 이끈다. 그런데 엄밀히 말하자면 그것은 자신에게만 적합한 방법일지도 모른다. 나와 다른 내 아이, 나를 닮지 않은 내 아이, 혹은 너무 닮아서 손쓸 수 없는 우리 아이를 마주할 때마다 느껴지는 곤란함을 해소할 수 있는 가장 좋은 방법은, 우선 내 아이를 온전히 이해하는 것이다.

타고난 우리 아이의 뇌 기질을 아는 법

기질을 설명하는 단어는 외향적, 내성적, 창의적, 독립적, 의존적, 예민함, 주도성, 산만함 등 상당히 많다. 특히 뇌 과학이 발달하면서 기질에 따라 성격, 특성은 물론 학습 방법, 상품의 선택 시 사물의 선호도까지 달라질 수 있다는 점이 밝혀졌다. 따라서 내 아이의 뇌 유형을 정확히 알고 그에 맞게 양육할 수 있다면 부모의 부담을 한결 덜 수 있을 것이다.

유전자 안에 이미 디자인되어 있는 '뇌 선호 유형'은 태어나면서부터 같은 세상을 다르게 보는 아이들의 특성을 잘 설명한다. 서랍 속에 볼펜 하나를 찾아오라 해도 쉽게 가져오는 아이가 있는가 하면, 바로 눈앞에 있어도 보지 못하는 아이가 있다. 매일 자빠지고 엎지르고 허둥대는 아이가 있는가 하면, 고사리 손으로 잘 잡히지도 않는 구슬 꿰기를 끝까지 해내는 아이도 있다. 같은 부모 아래 거의 유사한 자극을 받으며 자란 아이들이 이렇게 다른 성향을 보이는 점을 어떻게 설명할 것인가?

이런 현상들을 잘 설명해주는 것이 '뇌 선호 유형'이다. 이 책에서 소개하고자 하는 뇌 선호 유형을 구별하는 검사 도구는 '이머제네틱스emergenetics'로, 이 검사는 뇌과학, 교육학, 심리학에 기반해 뇌 선호 유형에 따라 생각과 행동 선호 유형을 구분하고 그에 맞는 설명력을 가진다. 위에서 설명한 다양한 아이들의 행동을 이 검사의 준거에 따르면 추상적 사고를 하는가 구체적 사고를 하는가에 따라 다르게 나타나기도 하고 좌뇌형 아이인가, 우뇌형 아이인가에 따라 구별되기도 한다.

먼저 이 개념을 쉽게 이해하는 데 도움이 될 수 있는 아주 간단한 도식 하나를 먼저 설명하고자 한다.

다음 동그라미를 우리의 뇌라고 생각했을 때 윗부분은 추상적 사고, 아랫부분은 구체적 사고를 하는 부분이다. 왼쪽은 좌뇌(수렴적 사고)고, 오른쪽은 우뇌(확산적 사고)다. 그러니까 분석적인

| 이머제네틱스 생각 선호 유형의 도표 |

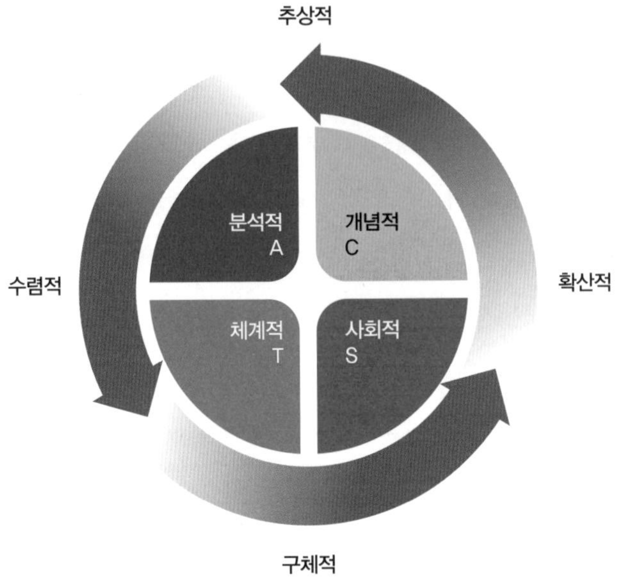

* 이후 이 도형의 색깔이 없더라도 각 유형의 색깔을 잘 기억하면 책을 읽는 데 도움이 될 수 있다.

뇌는 추상적 좌뇌고 사회적인 뇌는 구체적 우뇌인 셈이다. 그런데 재미있는 것은 이 뇌의 색깔에 따라 특성과 사고방식, 동기를 만들어내는 기본 동력이 달라진다는 사실이다.

물론 뇌 선호 유형에서 한 가지 색깔만 사용하는 사람은 드물다. 최소한 두 가지 색깔, 혹은 세 가지 색깔을 사용하는 사람이 더 많고 심지어 전 세계 인구 중 1% 정도는 네 가지 색깔을

균형적으로 모두 사용한다. 하지만 만 10세 이전의 아이들의 경우 특정 선호 유형으로 규정하기에는 다소 무리가 있다. 자신의 기질을 발휘할 충분한 시간을 갖지 못했기 때문이다. 그럼에도 불구하고 우리가 타고난 뇌 선호 유형을 반드시 알아야 하는 이유는 기질에 맞는 양육이 가장 큰 효과를 발휘하기 때문이다. 또한 각각의 뇌 선호 유형에 대한 이해가 있으면 둘 이상이 조합되더라도(두 가지 이상의 뇌 선호 유형을 가질 때) 납득할 수 있을 것이다. 또 하나 고려해야 하는 사항은 원래 이머제네틱스 검사에는 앞서 제시한 생각 선호 유형 외에도 행동 선호 유형에 따라 그 기질이 다르다. 그러나 이 책에서는 생각 선호 유형 중심으로 아이의 기질을 이해하는 것이 목표이므로 행동 선호 유형에 대해서는 자세히 다루지 않을 것이다. 이 책이 뇌 선호 유형에 대한 해설서가 아니라 아이의 기질에 따라, 더 나아가 강점에 근거한 양육에 대한 이해를 분명히 하는 것을 목표로 하기 때문이다(이머제네틱스에 대한 자세한 설명은 이 장 마지막 코칭 tip 참조).

그런데 우리가 이렇게 유형별 인간의 성격이나 기질에 대해 이해할 때 반드시 기억해야 하는 사실이 몇 가지 있다. 기질은 좋고 나쁨이 없으며, 뇌 선호 역시 능력과 가치와는 아무 관련이 없다는 것이다. 무엇보다 중요한 것은 아이의 뇌 선호에 맞게 얼마나 적합한 자극을 주어 그를 활성화시키느냐다. 더욱이 이머제네틱스라는 도구는 각각의 특성을 설명하는 역할도 하지만 서로 다른 뇌 선호 유형들이 조합될 때 어떤 일이 발생하는지에 대해서도 잘 설명해준다. 쉽게 말해 노란색 종이 위에 파란색 셀로판지를 대고 보면 노란색이 초록색으로 보인다. 우리는 그 종이를 초록색이라고 부르고 싶어 하지만, 그 종이는 초록색이 아니라 노란색이다. 이처럼 뇌 선호 유형을 아는 것은 상대의 본성 그대로 그를 불러주기 위한 첫 걸음인 셈이다.

| 코칭 tip | 이머제네틱스에 대한 이해

'emerge(나타나다)'와 'genetic(유전학)'을 결합한 이머제네틱스는 개인의 유전적 청사진과 경험 및 환경으로부터 형성되는 생각과 행동의 패턴을 측정하는 도구다.

1980년대 후반, 게일 브라우닝Geil Browning과 웬델 윌리엄Wendell Williams 박사는 생각과 행동 성향이 분리되어 측정될 수 있다고 가정하고 연구를 시작해 이머제네틱스 검사를 완성했다. 두 박사의 연구는 노벨상을 수상한 로저 스페리의 연구와, 네드 허먼 박사의 HBDI 연구에서 큰 영향을 받았다(현재 쓰이고 있는 대다수의 성격 지표가 1950~60년대에 개발된 것이다).

| 브라우닝·윌리엄 박사의 연구 |

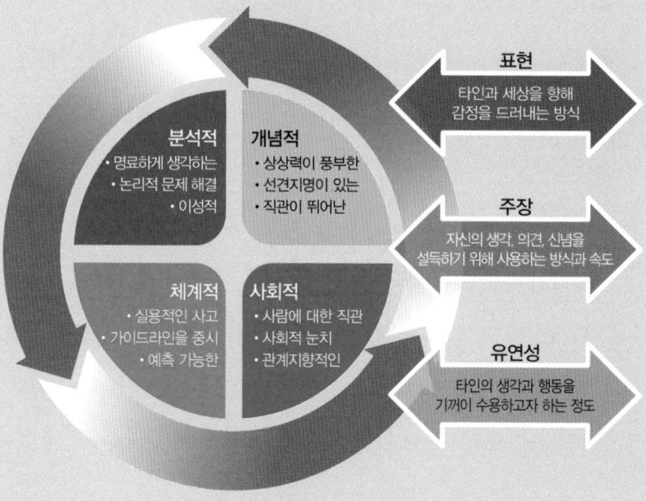

브라우닝 박사와 윌리엄 박사는 최종 설문지를 완성하기까지 1만 명이 넘는 다양한 인구를 대상으로 테스트를 실행했고 현재까지 50만 개가 넘는 데이터를 수집 및 검토하였으며, 전 세계 표준점을 2년마다 꾸준히 업데이트하고 있다. 이 데이터는 미국뿐 아니라 다양한 국가의 참가자를 포함하고 있으며, 총 데이터베이스의 30% 이상을 차지하고 있다.

브라우닝 박사와 윌리엄 박사는 생각과 행동을 분리함으로써 일곱 가지 성향의 심리 측정 도구를 만들었다(위의 그림 참조). 이 검사를 통해 우리는 생각 선호 유형과 행동 선호 유형을 알 수 있는데, 앞선 도형에서 동그라미 부분이 네 가지 생각 선호 유형을, 화살표 부분이 세 가지 행동 선호 유형을 설명한 것이다. 앞으로 생각 선호 유형에 대해서는 자세히 설명할 예정이니 여기서는 행동 선호에 대해서 알아보도록 하자.

행동 선호 유형의 준거는 세 가지다. 이 각각의 준거들은 세 지점으로 나뉘며 1지점은 낮고, 3지점은 높음을 의미한다.

1. **표현 :** 표현은 **세상에 자신을 노출하는 정도**라고 말할 수 있다. 쉽게 말해 차분하고 필요한 말만 하는 것을 선호하고 경청을 잘하며 낯선 상황에서 자신을 노출하는 것을 꺼리는 사람은 표현이 1지점인 사람이고, 다양한 사람과 이야기하고 어울리는 것을 좋아하며 적극적이고 쾌활하며 표현의 양이나 빈도가 많은 사람은 3지점이다.
2. **주장 : 자신의 생각과 의견, 신념을 설득하기 위해 사용되는 속도와 강도**를 의미한다. 주장이 1지점인 사람은 필요할 때만 자기 의견을 제시하고, 가능한 한 의견 대립이나 갈등을 피하려 하는 반면, 3지점인 사람은 강력하고 신속하게 그리고 적극적으로 자기 의견을 관철하고자 한다.
3. **유연성 : 타인의 생각과 행동을 수용하는 정도**다. 유연성이 1지

점인 사람은 한 번 결정한 일에 대해서는 견고하고 소신이 있으며 상황이 바뀌어도 주장을 굽히지 않으므로 심하면 고집스럽게 비추어질 수 있고, 새로운 것보다는 익숙한 것을 선호한다. 반대로 3지점인 사람은 쉽게 외부 자극을 받아들이고 새로운 변화를 즐기며 상황에 맞게 자신의 생각이나 입장을 자주 바꿀 수 있다.

같은 생각 선호 유형이라도 행동 선호에 따라 행동이나 사고, 태도 등이 다르게 표현될 수 있으므로 한 사람의 뇌 선호 유형을 파악할 때 생각 선호 유형과 행동 선호 유형을 복합적으로 살펴야 그 사람을 더 잘 이해할 수 있다.

이머제네틱스 진단 도구의 신뢰도 및 타당도는 매우 높은 편이며 더 자세한 내용을 알고 싶다면, 이머제네틱스 홈페이지(www.emergenetic.com)에 업로드되어 있는 기술 보고서Technical Report를 참고하자.

기질과 성격은 다르다!

여기에서 우리가 알아야 하는 아주 중요한 지점이 있다. 아이들의 기질만큼이나 생각과 행동의 패턴을 만드는 중요한 것이 있는데 바로 태어나서부터 누구나 접해야 하는 자신을 둘러싼 '환경'이라는 요소다. 환경은 아이들이 세상을 어떻게 느끼는가에 아주 큰 영향을 미친다. 자신이 경험한 세상이 친절하고 환하고 밝으며 자신에게 다정하게 다가오는 아이는 세상에 대한 생각이 당연히 긍정적일 테다. 반면 자신의 욕구와 감정이 무시된 채 두려움과 불안으로 세상을 경험한 아이는 삶에 반감을 갖거나 위축될 수밖에 없다. 거기에다 부모가 가진 기질과 성격, 양육관, 양육 환경 등은 세상을 처음 경험하는 아이들에게 절대적으로 중요한 가치를 지닌다.

몇 년 전 정말 창의적인 아이를 만난 적이 있다. 어찌나 생각이 기발한지 아이가 말할 때마다 웃음이 터져나오기 일쑤였다. 다 아는데 숙제를 왜 해야 하냐고, 자기는 모르는 것 공부하기도 바쁘다며 숙제를 거부하지 않나, 오늘은 특별한 배울 거리가 없을 것 같아 학교에 가는 대신 집에서 쉬는 게 더 좋을 것 같다고 거리낌없이 제안하는 아이였다. 아이는 호기심이 많은데다 그것을 바로 행동으로 옮기는 스타일이었다. 그런데 불행하게도 아이 엄마의 기질은 규칙이 중요하고 무엇이든 계획대로 되어야 하는 성격이었다. 엄마는 큰 한숨을 내쉬며 이렇게 말했다. "아이의 자발성이나 개성을 존중하고 수용하고 싶지만 제가 용납할 수 있는 한계를 아이가 자꾸 넘어버려요. 정말 어떻게 해야 할지 모르겠어요."

아이 엄마는 최선을 다해 아이를 이해하려 했지만 노력이 무색하게 시간이 지날수록 아이의 긴장도와 불안은 높아졌으며, 자존감은 낮아졌다. 규칙의 중요성을 내세우며 시시때때로 아이를 지적하는 엄마의 태도가 아이의 자존감을 떨어뜨리고 있었던 것이다. 아이가 원래 기질적으로 갖고 있었던 자유로움과 독특함은 양육 과정에서 규칙을 잘 지키지 못하는 약점으로 인식되었고 아이는 스스로를 능력 없는 사람이라고 오해하게 된 것이다.

부모 손에 이끌려 상담소를 찾은 아이들을 살펴보면 실제로 문제가 있는 경우도 있지만, 지극히 정상적인 아이를 부모가 문제라고 오인하는 경우도 적지 않다. 예를 들어 사교적이지 않고 도전하지 않으며 안전한 환경이 아니면 자기를 표현할 줄 모르는 수줍은 아이가 있다고 하자. 이 수줍음이 과연 문제일까? 만약 부모가 활동적인 아이를 원하거나, 수줍음이라는 개인의 특성이 사회적 활동을 하는 데 장애물이라고 생각하면 당연히 문제로 인식할 것이다. 그러나 수줍음 자체는 문제가 아니다. 아이의 기질일 뿐이다. 그런데 이러한 기질을 지나친 약점으로 인식한다면 아이는 수줍음 때문에 해야 할 일을 이루지 못하는 사람으로 스스로를 인식하기 쉽다. 반면 수줍음이라는 특징을 신중함, 사려 깊음, 상황을 살피는 세심한 능력 등으로 바라본다면 어떻게 될까? 아이가 자신을 받아들이는 데 있어 엄청난 차이를 불러오지 않을까?

아이는 부모를 통해 세상을 본다. 세상을 살아가는 법을 하나에서 열까지 온 몸으로 모델링하는 부모의 기질은 이 양육의 장면에서 어떤 영향을 줄까? 아마도 부모 역시 자기가 살아온 방식, 자기가 타고난 기질에 따라 양육의 방법을 찾을 수밖에 없을 것이다. 그러다 보면 아이의 기질이나 아이가 원하는 것과는 상관없이 부모의 경험을 마치 세상의 원칙인 것처럼 받아들이게 되고, 충분히 장점으로 활용될 수 있는 아이의 기질은 묻혀버릴 수 있다.

열여섯 살 정민이는 조그마한 실수에도 다른 사람에게 핀잔을 받을까 봐 늘 불안하다. 학교에 가거나 외출을 할 때마다 옷 매무새를 열두 번도 넘게 체크하고, 준비물을 혹시 빠뜨렸을까 걱정돼 자다가도 벌떡 일어나서 다시 한 번 점검한다. 스스로를 '꼼꼼하고 세심한 성격의 소유자'라고 소개할 만큼 정민이는 본인의 기질에 대해 잘 알고 있다. 하지만 요즘 정민이는 그런 자신이 너무도 마음에 들지 않는다. 틀에 갇혀 아무것도 못하는 자신이 답답하게 느껴지고, 자신이 한 일을 몇 번이고 반복해서 확인하는 일이 지겹게도 느껴졌다. 그러다 학교에서 UCC 제작하는 수행평가를 하면서 또 다른 자신의 모습을 발견하게 되었다. 앞장서 아이디어를 내고, 거리에 나가 낯선 사람에게 스스럼없이 인터뷰를 요청하는 일이 재미있고 행복했으며 진짜 나다운 모습이라고 생각하기 시작했다. 그때부터 정민이는 철두철미하고 꼼꼼했던 자신의 성격이 사실은 엄마가 자신을 양육하면서 내내 강조해왔다는 사실을 깨달았다. 그리고 자신이 어떻게 살아가는 게 맞는지 알 수 없어 혼란스럽기만 하다.

정민이의 사례처럼 아주 어렸을 때부터 주어진 환경 때문에 자신의 기질을 성인이 되어 처음으로 인식하거나, 자신의 기질을 제대로 인지하지 못해 혼란스러워하는 사람이 생각보다 많다. 이러한 고민은 단지 자기를 모르는 것에서 끝나지 않는다. 자기 정체성에 혼란이 생기면 의지도, 목적도, 즐거움도, 만족도 가지지 못한 채 살아가게 되고 그로 인해 주체성이나 독립성 등을 확립하기 어렵다. 그래서 많은 사람들이 성격테스트와 같은 객관적 데이터에서 자기 정의를 찾거나, 다른 사람들이 자신을 어떻게 보는지에 대해 관심을 갖게 되고, 더 나아가 불안해하는 것이다.

나 역시 나의 있는 그대로의 기질을 정확히 안 시점은 중년에 접어든 뒤였다. 나의 기질을 제대로 알고 나니 왜 어렸을 때 칠칠치 못하다고 혼나는 일이 많았는지, 다 아는 것인데도 사지선다형 시험에서는 내 실력이 충분히 발휘되지 못한다고 느꼈는지, 같은 심리학 공부를 하는데도 하나를 깊이 파고들기보다 새로이 접근하는 여러 이론이나 도구, 방법 등에 관심을 보이고, 이들을 기존의 이론에 접목하기 좋아했는지를 어렴풋하게나마 이해할 수 있었다. 그런데 여기서 재미있는 사실은 그 이전까지 나는 무엇인가 자극이 들어오면 분석하고 정리하며 그에 대한 실수를 하나라도 하면 견디지 못하는 사람이라고 나 자신을 오해하고 있었다는 것이다. 이 오해는 내 관심의 영역을 제한시켰고, 창의력에 제동을 걸었으며, 내가 인생에서 가장 중요하다고 생각하는 가장 본질적인 욕구를 등한시하게 했다. 쉽게 말해 맞지 않는 옷 때문에 불필요한 혼란과 갈등, 에너지의 낭비를 가지고 왔다는 의미다. 이것은 유독 나의 개별적 경험에 국한되지 않는다. 상담 현장에서 만나는 많은 부모 자녀 관계를 보면 서로가 서로를 오해하고 저항하느라 아주 많은 에너지를 낭비하고 있는 것을 볼 수 있다.

따라서 아이의 기질을 제대로 알아주는 일은 정말 중요하다. 타인으로부터 자신의 고유성을 지키고 존중받으며 더 나아가 자신만의 강점과 자원을 인식하여 그를 활용할 수 있도록 하는 힘까지 만들어내는 작업이다. 그래서 최근 부모들이 관심을 갖는 것들이 있다. 공감, 정서, 말공부 등이다. 그런데 이런 노력에 기질이 고려되지 않는다면 어떤 일이 일어날까?

어느 TV 프로그램에 커플이 등장해 프러포즈에 관한 이야기를 나누는 걸 본 적이 있다. 남자는 자신이 할 수 있는 가장 화려하고 거창한 방법으로 프러포즈한 것을 굉장히 자랑스러워 하고 있었다. 반면 여자는 달갑지 않은 표정이었다. 알고 보니 그녀는 소박하고 진실한 방법으로 진심을 표현하는 일이 가장 멋진 프러포즈라고 생각했던 것이다. 성공이냐 실패냐로 판단한다면, 이 남자의 프러포즈는 당연히 실패다. 남자가 여자친구의 성향, 특성, 그로 인한 욕구를 제대로 이해하지 못해 생긴 참사다. 아이들의 기질 역시 이와 같다. 양육하는 과정에서 그 기질을 제대로 알지 못한다면 부모가 쏟은 노력과 정성이 아무짝에도 쓸모없게 느껴질 수 있다는 뜻이다. 그래서 아이의 기질을 존중하는 것이야말로 양육에 있어서 가장 우선시되어야 하는 가치다. 있는 그대로 내 아이를 수용해주는 것만이 아이가 아이답게, 자신의 능력을 마음껏 펼치며 살아갈 수 있도록 돕는 최적의 양육법이기 때문이다.

| 코칭 tip | 기질을 기질대로 수용해주는 대화 원칙

1. 판단과 평가는 No. 관찰은 Yes.

그 블럭 조각은 거기가 아니잖아.(×)

그 조각을 그곳에 맞추려 하는구나.(○)

2. 유도는 No. 중립은 Yes.

이곳에 넣어야 맞지 않을까?(×)

잘 맞지 않는구나, 어떻게 하면 좋을까?(○)

3. 책임 추궁은 No. 미래 지향은 Yes.

알면서 왜 그렇게 했어?(×)

그 방법 말고 다른 방법은 무엇이 있을까?(○)

4. 부정은 No. 긍정은 Yes.

30분 이상 하면 안 되는 것 알지?(×)

30분 후 우리는 뭘 하면 좋을까?(○)

기질 안에 숨어 있는 잠재력, 강점

어린 시절 난 운동에 젬병이었다. 고무줄 놀이며 땅 따먹기 등 몸으로 하는 모든 활동에서 '몸치'라고 불린 것은 물론 공이나 줄같이 아이들이 즐겨 하는 놀이도구에 대해 가까이 접하는 것조차 무서워했다. 공을 피하지 못해 정면으로 맞는 경우가 허다할 정도로 신체 조작 능력이 꽝이었기 때문이다. 그래서 체육 수업이 있는 날이면 어떤 이유를 만들어서라도 학교를 결석하고 싶을 만큼 운동이 싫었다. 신체적·운동적 관점에서만 보면 난 거의 학습지진아였던 것이다. 몸 사용이 서툴렀던 내가 생활지능인들 높았을까? 칠칠치 못하게 쏟고, 깨고, 엎지르고, 부수는 일은 다반사였다.

지금보다 가사 능력이 더 많이 필요했고, 아이도 한 사람의 가족 구성원으로서 제 몫을 해야 하는 시절이었기에 이런 열등한 생활지능은 모든 사람의 규탄의 대상이 되었다. 잔소리 혹은 다른 사람의 비난을 듣다 보면 세상에 이보다 무능한 인간은 있을 수 없을 것처럼 비참해졌다.

그래서 난 선택했다. 체육이나 운동 관련 활동은 모두 포기해버렸고, 절대 집안일이 내 차례가 되지 않도록 공부에 열중했다. 몸을 움직이는 일을 하면 세상의 모든 눈동자가 나를 쏘아보며 언제 실수를 하는지, 엉터리 같은 결과를 내는지 보고 있는 것 같았기 때문에 달리 방도가 없었다. 그러나 그 포기가 '강점' 중심의 프레임으로 보자면 얼마나 현명한 선택이었는지 모른다.

모든 것을 잘해야 한다는 전능적 사고를 하는 사회의 질서와 부모님의 요구를 받아들여 밤새 줄넘기나 농구 골을 넣기 위해 연습했다면 그때 시작된 좌절은 자존감과도 직결되어 난 무엇을 해도 잘하지 못하는 사람이라는 자기 비하의 늪에서 허우적대지 않았을까?

요즘 아이들을 보면 과거에 비해 잘하는 것이 월등하게 많음에도 불구하고 오히려 좌절감이나 열등감에 시달리는 경우가 많다. 그들에게 그러한 생각을 심어준 사람은 과연 누구일까? 평균, 보편이 어떤 것인지에 관해 기준도 없으면서 막연히 '기본은 해야 한다'는 말로 아이들에 대해 끊임없이 완벽한 그림을 그리는 부모들이나 사회가 그렇게 만든 것은 아닐까?

강점 중심 패러다임은 모든 분야에서 기본은 해야 한다는 생각과 거리가 멀다. 긍정심리학자인 린다 셀리그먼Linda Seligman에 따르면 "행복한 삶의 공식은 자신의 대표 강점을 발견하여 일상생활 속에서 매일 발휘하며 커다란 만족과 진정한 행복을 경험하는 것이다." 자신의 능력과 재능을 제대로 알고 발휘하면서 그에 대해 자존감을 가질 수 있는 것이 행복의 조건이라는 의미다. 애써 해도 안 되거나 성과가 적은 일에 집착하고 그에 자신을 맞추느라 인생을 허비하지 말라는 이야기이기도 하다. 이것은 단순하게 한 가지 일이나 과제만을 결정하는 것이 아니라 인생의 가치관이나 자기에 대한 개념, 그리고 삶을 살아가는 방식(부정적 혹은 긍정적)까지 포함하고 있는 것이기에 더욱 중요하다.

그런데 우리가 이렇게 강점의 중요성을 안다 해도 양육에 있어서 강점 중심으로 사고하는 것은 쉬운 일이 아니다. 첫째, 자라는 과정에서 아이들의 강점이 어디에 있는지 판단하기 어려운 측면이 있다. 기질적 특성이 분명하게 드러나는 아이가 있는가 하면 다양한 특성이 혼재된 아이들도 있으니 강점이 무엇인지 판단하기 어렵다는 뜻이다. 물론 여기에는 아이들을 바라보는 부모의 시각과 판단의 문제도 포함되어 있을 것이다. 둘째, 강점을 중심으로 양육한다는 것이 어떤 의미인지에 대한 명확한 이해가 부족할 수 있다. 강점보다는 약점을 보완하는 데 중점을 두고 살아온 부모 세대가 아이들에게 강점을 중심으로 자신을 확장하는 일이 무엇인지 알게 하고 그곳에서 발달적 포인트를 찾는다는 것은 어려운 일일 수 있다.

그렇다면 정말 강점만을 믿고 가도 되는지, 균형적인 발달의 이슈는 어떻게 이루어지는지, 또한 강점의 강력한 힘이 어디에 있는지 온전히 부모 관점에서 좀 더 구체적으로 살펴보자.

왜 강점이어야 하는가?

얼마 전 재미있는 광고를 한 편 보았다. 아무것도 안하고 방안에서 뒹굴뒹굴, 무위도식만 해서 부모의 속을 태우는 것 같았던 아들이 고급 승용차를 타고 와 부모를 놀라게 한다는 내용이었다. 재미도 재미지만 이 광고는 자기만의 개성을 바탕으로 다양한 산업 형태에 종사하며, 그를 통해 개개인의 능력을 발휘, 성취하는 방법 또한 많아졌다는 의미를 전달하기도 한다.

그저 한 가지 일에 집중해서 열심히 살면 성과가 나오는 세상이 있었다. 20세기의 삶은 거의 그러했다. 그래서 조금 더 부지런히 움직이면 다른 사람들과의 차별성을 가지고 살아갈 수 있었다. 그러나 지금은 어떤가? 한 분야에서 자기 가치를 구현하려면 자기만의 콘텐츠, 개성, 그리고 창의적 문제 해결력이 있어야 하는 세상이다. 자, 그렇다면 그 차별성은 어디서부터 시작할 수 있을까? 그것이 바로 강점이다. 이제는 1을 투자해서 10 아니 100을 만들어야 하는 세상이다. 이때 100이라는 결과를 도출해내는 기본값 1의 존재, 즉 강점이란 무엇인지에 대해 알아보자.

심리학적 관점에서 강점이란 '가치 있는 성과를 위해 최적의 기능을 할 수 있도록 느끼고 생각하고 행동하는 역량(권석만, 2011)'이라고 정의한다. 이 말인즉 강점이란 타인과 비교해서 우월한 능력이 아니고, 자신 안에서 무엇인가를 수행할 때 가장 효과적인 자원이 되는 능력을 의미한다. 즉, 강점은 '이미 우수해진 능력'이 아니고 '우수해지는 데 가장 사용하기 좋은 강력한 자원'인 것이다. 그렇다면 이를 어떻게 찾을 것인가?

많은 교육학자와 심리학자들이 일관되게 말하는 대표적인 방법은 첫째, 아이의 관심과 흥미를 중심으로 관찰하라는 것이다. 그 이유는 무엇일까? 아이들의 경우 강점을 발견하기가 의외로 쉽다. 아이가 관심과 흥미를 가지는 일부터 집중해서 관찰하면 된다. 보통 인간은 본능적으로 자신이 잘하는 일과 그렇지 않은 일을 잘 분별한다. 그러므로 강점과 관련된 일은 누가 시키지 않아도 관심을 보이고 쉽게 접근하기 마련이다. 이 강점은 아이가 타고난 기질과 연관되고, 기질을 있는 그대로 수용하는 과정에서 좀 더 발전하여 재능에 기술을 더한 형태로 완성되는 것이다

둘째, 긍정적인 관점으로 바라보는 것이다. 인간이 가진 기질은 동전의 양면과 같다. 제대로 사용하면 탁월한 점이 되기도 하고, 전혀 다른 방향에서 사용되면 행동의 걸림돌이자 취약점이 되기도 한다. 어떤 사람이 가진 진취성은 다른 사람에게는 과도하고 무분별한 일을 벌이는 모습으로 나타나기도 하고, 또 어떤 사람이 가진 신중함과 꼼꼼함은 또 어떤 사람에게는 강박적 사고나 불안에서 벗어나지 못하는 특성으로 사용되기도 한다. 이러한 현상을 볼 때 어떤 특성 자체가 긍정적이냐, 부정적이냐를 따지는 것보다는 그 특성을 사용하는 주체가 그 특성에 대해 얼마나 이해하고 받아들이며 그를 활용해 무엇을 하는가

가 그 사람의 특성의 질을 규정한다고 볼 수 있다. 즉, 같은 특성이라도 그를 긍정적 관점으로 바라보고 지지하며, 격려하고 발달시키는 것이 강점을 발전시키는 길인 셈이다.

| 코칭 tip | 강점이 가져다주는 긍정적 효과

첫째, 자신의 진정한 본연의 모습이라는 느낌을 준다.

둘째, 강점을 발휘할 때 유쾌한 흥분감을 느끼게 된다.

셋째, 강점과 관련된 일을 배울 때 빠른 학습 효과가 나타난다.

넷째, 강점을 발휘할 수 있는 새로운 방법을 지속적으로 찾게 된다.

다섯째, 강점과 일치되는 방향으로 행동하고 싶은 열망을 느낀다.

여섯째, 강점을 사용할 수밖에 없다는 느낌, 즉 그러한 강점의 표현을 멈추거나 억제할 수 없을 것 같은 느낌을 느낀다.

일곱째, 숨겨져 있던 자신의 능력이 드디어 발현되어 나타나는 것처럼 여겨진다.

여덟째, 강점을 활용할 때 의욕과 활기가 넘치게 된다.

아홉째, 강점과 관련된 중요한 일을 만들어내고 추구하게 된다.

마지막으로, 강점을 사용하고자 하는 내재적 동기를 지닌다.

(권석만, 2008)

강점을 강점답게 사용하는 방법

일곱 살 성현이는 책을 무진장 싫어한다. 반면 성현이의 누나는 독서를 즐기고, 선생님이나 부모님의 말을 거스르지 않고 완벽하게 해낸다. 그 덕분에 성현이는 늘 잔소리의 대상이 된다. 요즘 엄마는 성현이만 보면 협박 아닌 협박을 쏟아낸다. "너 그런 식으로 하면 초등학교 못 가!" 성현이는 그런 말을 들을 때마다 초등학교가 싫어진다. 책보다 재미있는 것이 얼마나 많은 세상인데 어른들은 책만 보라는 걸까? 책만 보는 곳이 학교라면 성현이는 가보지도 않은 초등학교가 너무 싫어진다.

내게 아들의 상담을 부탁해온 성현이 엄마는 아들이 책을 싫어하고 차분하지 못한 것 같아서 걱정이라는 말을 꺼냈다. 나는 엄마와의 대화를 통해, 성현이가 호기심이 많고 자유분방한 기질임을 눈치챌 수 있었다. 그리고 그런 기질을 바탕으로 놀이부터 시작하기로 했다. 일곱 살 아이들의 놀이에는 대체적으로 선과 악이 등장한다. 악당들은 가만히 있는 착한 편을 공격하고 무자비하게 짓밟은 뒤 힘으로 상대를 쓰러뜨린다. 철저하게 약육강식의 논리가 적용되는 곳이 일곱 살 남자아이들의 놀이인 셈이다. 성현이도 예외는 아니어서 강자에게 자신의 욕구를 부여하며 열심히 놀이에 임했다.

그런 성현이에게 내가 물었다. "항상 힘이 세고 강한 사람만 승리하는구나."

"그렇죠. 힘이 세고 강해야 이기죠."

"대체적으로 그렇기야 하지. 그런데 작은 것들도 큰 것을 조종하기도 하고 이기기도 하고 그를 부하로 삼기도 하던데, 넌 그런 것을 본 적이 있니?"

"그런 게 있어요? 난 한 번도 본 적이 없는데."

"내가 본 책에는 그런 이야기가 나와. 작은 생쥐인데 큰 사자를 구해주었거든. 큰 사자도 처음에는 믿지 않았지만 결국 쥐의 도움을 받았단다. 사자가 할 수 없는 일을 쥐는 할 수 있었거든."

"진짜요?"

이런 대화의 과정을 거쳐서 성현이와 나는 『사자와 쥐』라는 동화책을 읽었다. 사자가 그물에 걸려 위험에 처하게 되자 생쥐가 이로 그물을 끊어 사자를 구한다는 내용이었다. 성현이는 책을 읽은 이후 싸움의 과정부터 전략을 짜내기 시작했고, 힘센 것들만 이기는 세상이 아니라 작고 힘이 없어도 전략을 짜내는 동물이나 로봇이 이기는 놀이를 시작했다. 그 책을 읽음으로써 전략이 힘을 이길 수도 있다는 사실을 알아낸 것이다.

뿐만 아니라 놀이 활동에 동화의 주인공들이 자주 등장하게 되었다. 장난치고 싶을 때는 동화책에서 본 장난꾸러기 캐릭터의 이름을 불러댔고, 유치원에 가기 싫다는 감정을 학교를 싫어하는 아이의 마음으로 바꾸어서 표현하기도 했다. 그렇게 책과 놀이의 경계가 없어지면서 성현이는 책을 자주 접하게 되었고, 좋아하는 책은 집에서 큰 소리로 반복해서 읽기도 했다. 책을 통해 자신의 강점인 자유분방함, 새로운 것에 대한 호기심, 상상력 등을 활용하게 된 것이다.

또 평면적인 책을 놀이로 승화시켜 자기만의 책 읽기 방법도 터득하게 되었다. 책 읽기는 더 이상 성현이에게 지루한 공부가 아니라 자신이 좋아하는 놀이 속 주인공을 찾는 과정이 되었으며, 더 나아가 주인공과는 다른 자기만의 독특한 스토리를 만들어낼 수 있는 아주 재미있는 보물상자로 느끼게 된 것이다.

이렇게 자신의 관심과 흥미로 동기화시키면 싫어했던 일에서 색다른 즐거움을 찾아내고 흥미를 가질 수 있게 된다. 이렇듯 강점에 초점을 맞추어야 하는 중요한 이유는 강점이 강화되면 자신이 가지고 있는 약점까지 보완할 수 있기 때문이다. 아이들의 경우, 좋아하는 것, 관심과 흥미를 가지고 있는 것 쉽게 성취를 이룰 수 있는 것부터 학습이 시작될 때 상당히 주도적이고 적극적으로 그 일에 임한다.

그렇다면 자신이 가지고 있는 특성을 긍정적인 에너지와 능력으로 사용하기 위해서는 무엇이 필요할까?

첫째, 강점에 대한 신뢰다. 설사 아직 능력화되지 않았다 해도 자신의 강점을 알고 믿어야 한다. 자신이 가진 것은 별것 아니고, 다른 사람이 가진 것은 아주 커 보이는 것이 인간의 본성이다. 따라서 자신이 가지고 있는 것을 보물로 인식할 수 있어야 그 안에서 가치를 발견할 수 있다.

간혹 청소년들에게 "너의 강점이 뭐니?" 하고 물으면 "없어요. 수학을 좀 잘하는 것 같은데, 나보다 더 잘하는 아이들이 많아요"라고 말한다.

강점은 비교하여 규정되는 것이 아니다. 내 안에 있는 많은 자원 중 가장 성공 가능성이 높은 하나의 요소지, 객관적으로 얼마나 우수한가의 이슈가 아니다. 이것을 많은 부모님들과 아이들이 오해한다. 중요한 능력의 평가는 강점을 알고 그것을 충분히 훈련시켜 성과를 내게 하는 경험이 결합되었을 때 하는 말이다. 그러니 일단 강점은 그 가치를 알아주고 믿어주어야 능력으로 진화할 수 있다.

둘째, 약점을 보완하는 열 시간보다 강점을 활용하는 한 시간이 값지다는 것에 대한 확신을 가져야 한다. 아직도 많은 아이들이 약점 보완 방식에 길들여져 있다. 예를 들어 아이들에게 시험 공부 계획을 세워보라고 하면 지난 시험에 가장 못한 과목부터 계획을 세워온다. 시험 한 달 전부터 잘했던 과목은 다 미루어놓고 가장 못한 한 과목의 성적을 올려보겠다고 온 힘을 다한다.

암기를 통해 일시적으로 성적을 높일 수 있는 과목이면 몰라도 국어나 영어, 수학과 같이 오랜 시간 기본기가 바탕이 되어야 하는 과목에 이런 목표를 잡았다간 전체 평균이 더 떨어질 가능성이 높다. 또 성적이 낮다는 것은 그 과목에 흥미나 재능이 그다지 없다는 것을 의미하는데 취약한 과목에 모든 에너지를 모아 5점에서 10점 정도를 올렸다 해도 효율성의 측면에서 보면 옳지 못한 선택이다. 공부 시간은 정해져 있기 때문에 자연히 다른 과목의 공부에 소홀해질 수밖에 없고 그 결과 높은 점수를 받았던 과목의 점수가 큰 폭으로 떨어지면서 전체 평균을 낮출 수 있기 때문이다. 이 패러다임을 변화시키지 않는다면, 우리는 영구히 훨씬 많은 노력으로 최소의 결과를 얻는 사람이 될 것이다.

우리 아이들이 살아가야 하는 인공지능 시대는 자신의 영역에서 탁월해야 생산성과 가치가 빛나는 세상이다. 고만고만하게 잘하는 것은 그 의미가 빛을 바래는 세상이 된 것이다. 강점이론(2007)을 연구한 클리프턴Clifton과 넬슨Nelson은 강점이란 저절로 빛나는 다이아몬드가 아니기 때문에 자신의 강한 부분에 의도적으로 시간을 투자해서 활용해야 한다고 주장한다. 강점에 더 많은 시간을 투자하고 활용할 때 더 많이 발전하고 더 깊이 배울 수 있으며 결국 탁월한 수준에 이를 수 있다는 뜻이다. 따라서 부모의 역할은 훈육이라는 이름으로 아이들의 약점을 보완하려고 애쓰기보다는 아이가 이미 가지고 있는 능력, 즉 강점을 먼저 발견하고 이를 통해 아이들이 원하는 목표에 더 쉽고 빠르게 도달할 수 있도록 적극적으로 지원해주는 것이다.

아이들은 즐거워야 좋아하고, 빠르게 배울 수 있어야 흥분하고, 잘할 가능성이 높은 일에 더욱 큰 의지를 가지며, 자신이 성장하는 것을 보고 자신에 대한 비전을 가진다. 그것의 출발은 바로 강점을 아는 것이다.

엄마도 아이도 행복해지는 강점 육아

우리는 흔히 사람은 달라지지 않는다고 말한다. 더 나아가 고쳐 쓰지 않는다고도 말한다. 그럼에도 불구하고 우리들은 아이들이 달라질 거라고 믿는다. 심지어 고칠 수 있다고도 믿는다. 놀랍게도 환상에 가까운 부모의 이러한 신념은 잘 변하지 않는다.

보통 부모와 아이가 서로 다른 성격을 가졌을 때 부모는 아이를 이해하기 힘들다. 모든 사람들은 자신의 경험이나 감정을 기준으로 다른 사람을 보기 때문이다. 그 차이를 메우는 것이 소통이고, 소통의 기본 원칙은 상대를 수용하는 것이다.

그러나 수용한다는 것이 그리 쉬운 일은 아니다. 수용은 이해와 다르다. 이해는 자신의 기준에서 상대의 특성을 받아들일 수 있는가 아닌가를 판단하는 과정이다. 즉, 기본 선은 자신에서 출발한다. 반면 수용은 자신의 기준과 다르고 마음에 들지 않더라도 상대의 특성이니 있는 그대로 인정하는 것이다. 다시 말해 수용에는 판단이나 평가가 포함되지 않는다.

상대를 교정하려 하거나 통제하에 두려고 하면 수용은 결코 일어날 수 없다. 아주 쉬운 예로 아이가 부정적인 행동을 보일 때 우리 안에서 가장 먼저 일어나는 반응은 무엇인가? 그 행동을 멈추고, 무엇이 잘못인지를 알게 해야 한다고 생각하지 않는가? 이런 부모는 훈육에 실패할 가능성이 높다. '교정'이 목표인 부모는 자신이 생각하는 판단부터 내놓기 때문이다. 이때 '소통'의 자세를 갖는 것만으로는 온전히 수용하기 부족하다. 나와 상대가 다르기 때문이다. 소통이란 기본적으로 뜻이 서로 통하는 것인데 같은 상황이라도 그 뜻이 다르면 아무리 맞추려 해도 서로 통하는 데 한계가 있지 않겠는가!

이런 측면에서 고려되어야 하는 것이 바로 '나'의 특성과 '상대'의 특성이다. 소통이 목표라면 '상대'의 특성에서는 그가 좋아하는 방식을 중심에 두는 것이고, '나'의 특성에서는 상대에게 비치는 내 모습에 대한 자각이 이루어져야 한다. 아주 쉽게 말해 나와 상대가 서로의 모습을 확인하고 그에 의거하여 소통하는 방법인 셈이다.

이와 관련해서 기억나는 사례가 있다. 자매를 키우고 있는 지연이 엄마는 사춘기에 들어선 지연이가 동생과 자주 옥신각신하기도 하고, 자신에게도 날이 서 있는 느낌이 들어서 마음이 편치 않다며 날 찾아왔다. 평소에 과묵하고 믿음직스러운 지연이가 동생하고는 왜 그리 싸우는지 이해가 되지 않을 뿐 아니라 요즘 들어 예민해진 것이 단지 사춘기 때문인지 알고 싶다고 하셨다. 지연이 밑으로는 두 살 터울의 여동생 혜연이가 있었는데 이 아이는 애교도 많고, 샘도 많고, 엄마와 수다도 잘 떠는 말 그대로 곰살 맞은 딸의 전형이었다.

지연이 엄마의 이야기를 귀담아들은 뒤 그간 엄마가 양육에 대해 가장 중요하게 생각하고 노력한 부분이 무엇이냐고 물었더니 기질대로 강요 없이 키우는 것이라고 하셨다. 그래서 큰 아이인 지연이에게는 별로 간섭하지도 않고 표현도 과하게 하지 않으며 자기가 알아서 하도록 배려해주려고 했단다. 특히 과도한 간섭을 삼가는 것이 지연이에게 맞는 양육이라고 생각하셨기 때문에 지연이한테는 세 번 말할 것을 한 번으로 줄여가며 노력했다고 하셨다. 사실 말이 쉽지, 지연이 엄마는 자신이 할 수 있는 최선을 다해 아이들을 키운 것이다. 그런데 지연이는 뭐가 문제일까? 지연이와 이야기를 나눠 보니 놀랍게도 엄마가 자신에게 관심이 없다고 느끼고 있었다. 자신과의 대화에서는 즐거워하지 않으면서 동생인 혜연이와는 늘 하하호호 웃고 떠드는 모습이 불만이었고 그래서 점점 더 말이 하기 싫어졌다고 한다.

지연이를 만나고 나니 안타깝게도 어머니가 간과하고 있었던 사실을 발견할 수 있었다. 바로 지연이 엄마 자신이 아이들에게 어떻게 비추어지는지에 대한 자각이다.

내가 본 지연이 엄마는 꼼꼼하고 세밀하며 정서적인 사람이었다. 당연히 상대에게도 그런 상호작용을 원할 수 있다. 그리고 그런 부분을 함께할 수 있는 사람을 통해 더 큰 만족감을 얻는다. 이런 맥락에서 볼 때 지연이보다는 혜연이와 함께할 때 엄마는 안정감을 느꼈을 가능성이 크다. 이때 엄마의 이런 모습이 아이들에게는 어떻게 비춰졌을까? 특히 지연이에게 말이다. 뇌 선호 유형상 지연이는 분석적인 친구고, 혜연이와 엄마는 체계적, 사회적 뇌 선호 유형을 갖고 있다. 엄마는 자신과 성향이 다른 지연이를 잘 이해할 수 없을 때도 있고, 때로는 무슨 생각을 하는지 다가가기 어려울 수도 있다.

사회적 선호 유형을 사용하지 않는다고 해서 애정이나 정서적 친밀감에 대한 욕구가 없는 것이 아니다. 다만 그것을 중심에 두지 않는 것뿐이다. 지연이는 자신에게는 말도 많이 걸지 않고, 애정표현도 덜한 엄마를 이해할 수 없을 뿐 아니라 동생과 자신을 차별한다고 생각할 수 있다. 심지어 엄마가 자신을 사랑하지 않는다고 느낄 수도 있다. 당연히 엄마는 지연이가 이런 마음을 갖고 있는지 전혀 알아채지 못한다. 자신이 자녀에게 무엇을 줄 것인지만 생각했지, 스스로가 아이에게 보이는 모습에 대한 통찰이 부족해서다. 이런 일이 반복되면 아이와의 정서적 친밀도를 낮추는 결과를 가져온다. 만약 지연이 엄마가 자신의 모습이 어떻게 비추어질지에 대해 조금 더 돌아봤더라면 아이의 욕구와 특성에 맞게 조율할 수 있는 코드를 가질 수 있었을 것이다.

사람들은 모두 다른 특성을 갖고 있다. 같은 선호도를 갖고 있는 사람이라 할지라도 모두 같다고 할 수 없다. 그래서 우리는 건강한 '소통'과 '협력'의 코드를 가져야 한다. 달라도 너무 다른 사람들과 함께 잘 살 수 있는 모습은 결국 '나'와 '너'에 대한 있는 그대로의 수용에서 출발하는 것이다.

| 코칭 tip | 아이들을 위한 심리 정서 검사

아이들을 위한 심리 정서 검사는 많이 있다. 우리에게 친숙한 성격 검사인 MBTI를 비롯해 애니어그램, 다중 지능 검사 등도 아주 대중적으로 사용된다. 여기서 중요한 것은 검사를 통해 정보를 습득하는 데 그치는 것이 아니라 그 정보를 아이의 양육에 어떻게 적용하느냐 하는 데 있다. 예를 들어, 아이의 감각 유형 검사를 한 결과 시각형이라는 진단을 받았다고 하자. 이때 시각형에 맞는 학습 환경, 책 읽어주는 방법, 시각형 아이들의 사고를 자극하는 질문법 등과 연결되지 않는다면 검사를 받은 의미가 없다는 뜻이다. 따라서 아이들의 심리 정서를 알아볼 때는 다음 네 가지 사항을 고려하는 것이 좋다.

첫째, 검사의 목적을 분명히 해야 한다. 아이의 강점과 능력 등을 알고자 한다면 지능 검사, 다중 지능 검사, 뇌 선호 유형 검사와 같이 강점과 약점을 알아보는 검사를 하면 되고 정서 상태를 알고자 한다면 아이의 인지, 행동, 정서 검사 등을 종합적으로 보아야 한다. 즉, 종합 건강 검진을 할 때와 특정한 부위를 정밀하게 검사할 때를 구분해야 하는 것처럼 검사의 목적을 분명히 해야 필요한 검사를 제대로 선정할 수 있다.

둘째, 검사 도구가 신뢰도와 타당도가 높은 검사인지를 확인해야 한다. 요즘에는 온라인에서도 우리 아이가 ADHD인지 아닌지, 분노

조절장애인지 아닌지 등을 알아볼 수 있는 체크리스트가 흔히 제공되지만 이런 정도의 검사로는 아이의 상태를 구체적으로 알기엔 턱없이 부족하다. 그러므로 아이의 현재 상태를 정확히 파악하기 위해서는 객관적으로 신뢰도와 타당도가 높은 검사인지를 확인해야 한다.

셋째, 현대 아이들의 수준을 얼마나 반영하고 있는가를 판단해야 한다. 오래 전에 만들어진 검사인 경우 신뢰도와 타당도는 가질 수 있지만, 현대사회의 기준에 적합하지 않은 경우가 종종 있다. 이때 일정한 주기로 개정판 검사를 만들고 있는지 확인하는 것이 좋다. 최근 뇌 과학에 관련된 검사 등이 많이 나오고 있는 것도 이와 관련되었다고 볼 수 있다.

마지막으로 검사 결과에 대한 충분한 이해와 활용법을 찾아야 한다. 전문가의 해석을 들으면서 구체적이고 실행 가능한 양육지침을 정하고 일관성 있게 적용하는 것이 무엇보다 중요하다.

2부

태어날 때부터 갖고 있는 자신만의 강점코드

"왜 그런지 이유를 알려주세요"
– 본질과 원리가 중요한 아이들

초등학교 6학년인 다혜는 최근 들어 후 더욱 공부가 재미없어졌다. 어려운 이차함수를 배우지만 이것이 어디에 사용되는지, 이걸 반드시 알아야 세상을 살 수 있는지 모르겠다. 선생님과 부모님께 여쭤봐도 열심히 하라는 대답만 돌아올 뿐 이유를 설명해주지 않는다. 다혜는 그럴 때마다 답답함을 느낀다. 수업시간에도 집중하기는커녕 멍하게 앉아 있기 일쑤다. 잘하고 싶고 인정받고 싶지만 이유를 모른 채 시키는 대로 하고 싶지 않은 다혜는 학교를 왜 가야 하는지, 왜 공부를 해야 하는지 모든 게 무의미하게 느껴질 뿐이다.

다혜는 전형적인 **분석적** 뇌 선호 유형을 가지고 있는 아이다. 이 유형의 아이들은 어떤 일을 대할 때 '왜why'가 가장 중요하다.

장난감 하나를 가지고 놀아도 단순히 장난감이 작동되어 자신을 즐겁게 하는 현상에만 매몰되는 것이 아니라 어떤 원리로 그 장난감이 움직이는가를 아는 것이 중요하고 그 원리가 이해되고 수용되었을 때 그 장난감을 더 좋아하게 된다. 이런 아이들은 사물이나 상황, 일이나 관계 등에서 원인을 발견하고, 그 이유를 스스로 받아들일 때 성과를 낼 수 있다.

분석적 성향을 지닌 아이들은 어떤 새로운 지식을 접할 때 그 사실은 어디에서 확인할 수 있는지, 다른 의견은 없는지 등에 대해 검토한다. 가치 중립적이고 사실에 근거해야 합리적이라고 믿기 때문이다. 이런 특성 때문에 이 유형의 아이들은 사실 여부를 따지다가 다른 사람과 부딪히는 경우가 많다. 평소에는 이성적이고 점잖다는 말을 들을 정도로 사려 깊지만, 합리성이나 근거가 없다고 생각하면 상당히 공격적인 자세로 상대와 토론할 수 있고, 웬만해서는 자신의 논리를 굽히지 않는다. 이때 다른 사람의 감정보다 사실을 정확하게 하는 편이 훨씬 중요한 일이기 때문에 냉소적이고 거만하다는 말을 들을 수도 있다. 특히, 상대가 근거 없이 감정적으로 혹은 막연하게 이야기한다고 생각하면 이미 그 사람의 말을 무시해버리기 일쑤인데, 이런 태도가 상대에게 고압적이라고 비추어질 수 있다. 또한 상대가 본질과 상관없는 이야기를 할 때 이 아이들의 마음속에서는 '도대체 그게 왜 중요한 거야?', '그래서 핵심이 뭐야?' 등의 불만이 올라온다. 그리고 이렇게 물을 것이다. "그래서 하고 싶은 말이 뭐예요?" 이 때문에 이런 기질을 갖고 있는 아이를 키우는 부모들은 다른 사람들에게 자신의 아이가 무례하고 버릇없이 비춰질까 걱정을 한다. 이들의 사고방식은 자신 앞에 있는 사람의 상황을 이해해주는 것보다 사실을 밝히는 것이 중요하다. 따라서 99개의 사실이 맞다 하더라도 틀린 한 개를 바로 잡고 싶은 마음이 크기 때문에 더욱 이런 태도를 보일 수 있다.

실제로 이 기질의 아이를 키우는 부모님들은 아이들에게 당황스러운 질문을 자주 받을 수 있다. "왜 해야 돼요?", "그 규칙은 왜 필요한데요?", "무엇 때문에 내가 그것을 해야죠?" 등 그냥 따라주면 편할 수 있는 일도 일일이 따져가며 이유를 분석하려 드니 가끔은 그런 행동이 반항처럼 보이기도 하고, 또 어떤 때는 충분히 설명할 수 없어 당황스러울 때도 있을 것이다. 만약 이 아이들에게 지난 여름방학 때도 갔다 온 역사기행 프로그램에 참여하라고 하면 바로 "지난번하고는 뭐가 달라요? 왜 또 해야 하죠?"라는 반응을 보일 것이다. 당황하고 싶지 않다면 이전 시즌과 다른 점에 대해 먼저 이야기해준 다음 선택할 수 있도록 기다려주는 편이 좋다.

한편 이 유형의 아이들은 무표정한 경우가 많다. 어린 유아라 할지라도 자신이 하고자 하는 일에 몰입하느라 주의 전환이 잘 되지 않는다든지, 도통 무슨 생각을 하고 있는지 속을 가늠하기 어렵다는 생각이 든다면, 분석적 뇌 선호 유형을 가진 아이일 가능성이 크다.

각자의 발달수준에 따라 다르긴 하겠지만 이 유형에 속하는 아이라면 무조건 시키는 대로 하라는 식의 강요를 받아들이기 힘들어하고, 게임 하나를 하더라도 전략을 짜서 효율적으로 이끌어나가는 데 자신의 에너지를 쏟을 것이다. 이 유형에 속한 아이들이 싫어하는 것 중 하나는 효율적이지 못한 것이다.

책을 선택할 때도 복잡한 스토리가 전개되는 책(동화류)보다는 간략하면서도 정확한 정보, 텍스트보다는 표, 그래프, 그림 등으로 영향력 있게 그 자료를 설명하는 책(과학도감, 백과사전 등)을 더욱 선호할 것이다. 특히 분석적 뇌 선호 유형의 아이들은 무조건 일단 해보는 것을 싫어한다. 충분한 정보와 전략을 가지고 가장 최적의 조건인 상태에서 과제에 임하길 원한다. 그래서 장난감 조립을 할 때도 설명서를 보면서 원리를 파악한 뒤 실제 조립에 나서는 경향이 있다.

대인관계에 있어서도 이들의 태도는 크게 다르지 않다. 이 유형의 아이들은 먼저 사람들에게 다가가지 않는다. 상대를 충분히 관찰하고 자신만의 안전한 전략이 확보되었다고 안심한 다음에야, 관계를 형성한다. 만약 친하지도 않은 아이가 먼저 와서 손을 잡거나 어깨동무를 하면 이 유형의 아이들은 당황해하면서 뒤로 물러설 가능성이 있다. 이 아이들은 충분히 그 상황과 사람을 이해하고 나서 받아들이고 싶어하는 마음이 있다는 것을 잊지 않아야 한다.

분석적 뇌 선호 유형의 특징

강점: 논리성, 합리성, 전략 세우기, 원리 파악하기.

약점: 감정을 소홀히 여기거나 부인하는 것.

우선가치: 데이터, 신뢰감 있는 증거 등.

자주 사용하는 언어: 왜?

"어떻게 하는 거예요?"
– 구체적인 방법과 규칙이 중요한 아이들

명진이 엄마는 유치원 공개수업을 다녀온 뒤 고민에 빠졌다. 명진이가 선생님의 질문에 계속 엉뚱한 답을 내었기 때문이다. 선생님의 질문은 "엄마는 집에서 무엇을 하시는 분이지요?"였는데 명진이는"아무것도 안 하는데"라고 답했다가 선생님이 재차 묻자 아무런 말도 하지 못한 채 우물쭈물했다. 명진이 엄마는 아이가 왜 그런 행동을 했는지 이해하기가 어려웠다. 그날 저녁 명진이 엄마는 명진이에게 선생님의 질문에 왜 그렇게 답했는지를 물었다. 명진이의 대답은 이러했다. "엄마는 회사에 다니는 사람인데 집에서 무엇을 하는 사람인지 물으니 아무것도 안 한다고 했어. 그런데 선생님이 자꾸 또 물어보니까 뭐라고 해야 할지 몰라서 가만히 있었고." 명진이의 대답을 들은 엄마는 마음이 후련해지는 한편 앞으로 어떻게 교육해야 할지 알 수 없어 혼란스러웠다.

이머제네틱스 뇌 선호 유형에 따르면 명진이는 **체계적** 뇌 선호 유형에 속하는 아이이다. 이런 아이들은 개념이 중요해서 상대의 언어를 있는 그대로 받아들인다. 그게 무엇이든 구체적 설명을 원하고 개념이 명료하지 않으면 이해하지 못했다고 여기며, 더 자세한 설명을 요구한다. 그래서 이 아이들은 질문이 잦고, 처음 개념을 익히는 속도가 아주 더디다. 왜냐하면 그 개념에 대해서 아주 자세하고 세밀하며 완벽하게 이해했을 때야 비로소 알았다고 생각하기 때문이다. 명진이의 경우도 그렇다. 맥락과 상황에 맞게 문장을 해석하는 것이 아니라 '집에서'와 같은 세부적인 정보에 걸려 자신의 반응을 쉽사리 결정하지 못한 것이다. 이런 부분에 대한 충분한 이해가 없다면 이 유형에 속하는 아이들에 대해 느린 것이 아닌가, 머리가 나쁜 게 아닐까 하고 오해할 수 있다. 이 유형에 속하는 아이들은 처음 개념을 형성할 때 남들보다 시간이 오래 걸리는 것은 맞지만 개념이 한 번 형성되고 나면 남들보다 훨씬 빠르게 다음 과제를 해결해나간다. 데이터와 경험이 쌓이면 누구보다 완벽하고 치밀하게 과제를 수행할 수 있다는 의미다.

자신들의 이러한 특성 때문에 이들은 어떤 일이든 구체적인 가이드가 있길 원한다. 퍼즐이나 만들기 등을 할 때도 순서도나 안내서 등을 먼저 찾는 이유가 여기에 있다. 근거나 자료 없이 무언가를 수행하는 데 당황하기도 하고 비효율적이라고 생각하기도 한다. 대신 이 아이들은 반복적인 작업을 수행하거나 정해져 있는 규칙 내에서 창조물을 내는 데 누구보다 놀라운 성과를 발휘한다. 실제로 체계적 유형인 내 딸은 미역국 끓이는 법을 정리하기 위해 한글을 배웠다. 정리하고 순서를 매기지 않으면 불안해하는 기질 때문에 생긴 일이다. 따라서 이런 기질을 가진 아이를 기르고 있다면, 친절하고 다정한 태도로 아이들을 대해야 한다. "기본을 가르쳐주었으니 지금부터는 네가 알아서 해"라는 식의 훈육은 이 아이들에게 상당한 도전이 될 뿐 아니라 상대에 대한 신뢰도 잃게 한다.

이 유형에 속하는 아이들은 자신의 경험만큼 시야를 확대해 나가기 때문에 공부를 할 때는 기질에 맞게 자료조사도 함께 하고, 정보를 얻는 방법도 가르쳐가면서 신뢰감을 쌓는 게 효과적이다.

그렇다면 체계적 유형의 아이들이 가장 중요하게 생각하는 것은 무엇일까? 바로 예측할 수 있는 상황과 정보다. 이 아이들은 자신이 예측할 수 없는 상황을 두려워한다. 그래서 더 많은 정보를 필요로 하고 이미 정해진 규칙에 대해 집중하는 것이다. 따라서 새로운 게임이나 과제를 제공할 때 이 아이들이 가장 먼저 물어보는 것은 "어떻게 하는 거예요?" 다. 그러나 아마도 이 선호 유형의 아이들은 그 질문을 할 기회가 많지 않을 것이다. 왜냐하면 선험적 경험이 없을 때 이 아이들은 모험과 도전 자체를 하지 않을 가능성이 있기 때문이다. 이미 잘 알고 있는 것, 경험을 통해 배운 것, 남들이 하는 것을 충분히 관찰해서 해볼 수 있다는 자신감을 가진 것 등이 이들이 도전하는 영역이다.

그런데 이런 특성으로 이해하기 어려운 참으로 재미있는 에피소드가 있다. 초등학교 5학년부터 중학교 3학년 정도의 연령 아이들 중 체계적 뇌 선호 유형 아이들을 키우는 부모님들은 뇌 선호 검사 해석을 하는 과정에서 "이런 선호 특성을 가지면서도 학원 같은 곳에 자꾸 지각을 하는 이유는 뭘까요?", "우리 아이는 계획 세우는 것을 제일 싫어하던데요?"라고 되묻는다. 한마디로 체계적 뇌 선호 유형을 가지고 있으면 이미 약속된 시간 등에 대해 아주 중요하게 생각하기 때문에 누구보다 약속을 잘 지킬 것이라 생각하는데 정작 아이의 행동은 그렇지 않다는 것이다.

이에 대한 체계형 아이의 답을 들어보자.

"저는 약속한 적이 없는데요. 어차피 안 지킬 계획을 뭣 때문에 세워요? 스트레스만 받는데."

어떤가? 이 아이들의 특징이 이해되는가? 체계적 뇌 선호 유형에 속하는 아이들은 약속이나 계획에 대한 강박이 남들보다 강하기 때문에 그것을 반드시 해내야 한다는 스트레스 또한 컸던 것이다. 그래서 겉으로 보기에는 약속이나 계획을 거부하는 듯한 인상을 줄 수 있지만 알고 보면 약속, 규율의 지배력과 통제력을 누구보다 많이 받고 있다는 뜻으로 해석하면 된다.

체계적 뇌 선호 유형의 유아들은 그림을 그리거나 놀이를 할 때도 순서가 정해져 있는 것을 선호한다. 순서를 매기고, 줄을 세우고, 이름을 붙여주는 등 자기 나름의 규칙을 기초로 놀이하고 학교에 들어가서도 선생님이 정해준 규칙에 가장 잘 따른다.

이들에게 가장 믿을 수 없는 것은 우연의 기회로 어떤 일이 해결된다거나, 과정 없이 한 번에 무엇인가를 이루는 것 등이다. 그만큼 이들은 예측할 수 있는 결과, 그리고 그 결과를 만들어내는 과정에 대한 예상까지 머릿속으로 끊임없이 생각하고 준비하고 싶어 하는 것이다.

체계적 뇌 선호 유형의 특징

강점: 체계성, 규칙성, 꼼꼼하고 세밀함.

약점: 모험과 도전에 나서지 않음. 시키는 것에만 치우침.

우선가치: 가이드, 프로세스.

자주 사용하는 언어: 어떻게 할까?

"나 사랑해요?"
– 공감과 배려, 관계가 중요한 아이들

영수는 어느 순간 학교가 싫어졌다. 학년이 바뀌면서 친한 친구들도 모두 다른 반으로 흩어졌고, 같은 반이 된 아이들은 자신에게 아무 관심이 없어 보인다. 그러다 보니 아침에 일어나는 것도 싫어지면서 지각하는 일이 잦아졌다. 그렇다고 해서 집에 있는 게 마음 편한 것은 아니다. 겉으로는 짜증을 내고 있지만 엄마 아빠의 마음을 아프게 하는 것 같아 죄송한 마음도 든다. 하지만 학교에 가서 친구들과 어울리지 못하고 겉도는 상황은 정말 참을 수가 없다.

영수는 사람들 사이의 관계를 중요시하는 **사회적** 뇌 선호 유형의 아이다. 이런 선호 유형을 가진 아이들의 가장 큰 관심은 친밀한 관계다. 이들의 눈은 언제나 상대방에게 머물고, 그들을 즐겁게 해주고 함께할 수 있는 일을 찾기 위해 모든 에너지를 쏟는다. 그래서 이들은 다른 사람들에게 호감을 얻기 위해 항상 얼굴에 잔잔한 미소를 띄고 있으며, 다른 사람들이 무엇을 필요로 하는지 파악하기 위해 끊임없이 주의를 기울인다. 특히 타고난 감각으로 상황과 맥락을 읽어내는 데 뛰어나며 평소 센스 있다는 칭찬을 받을 가능성이 크다.

반면 본의 아니게 관계가 틀어지게 되면 이들은 다른 선호 유형의 사람보다 훨씬 더 큰 상처를 받게 된다. 감수성이 풍부하고 정서가 발달한 만큼, 같은 크기의 정서적 자극에도 더 강하게 반응하는 것이다.

사회적 뇌 선호 유형의 아이들은 어렸을 때부터 친구라면 죽고 못 살고 무엇이든지 함께하고 싶어 하며, 집에서는 엄마 껌딱지로 지내면서 집안의 귀염둥이로 자라난다. 다섯 살만 되어도 다른 또래 애들보다 엄마 마음을 잘 알아 엄마가 조금 서운해하거나 기분이 좋지 않으면 "엄마, 사랑해요" 하며 애교를 부릴 줄 안다. 또 다른 사람을 돕고 배려함으로써 자신이 더 빛난다고 믿으며 그 어떤 유형의 아이들보다 자신의 행동에 대해 인정과 고마움을 받길 바라고 그것을 얻었을 때 가장 기뻐한다. 그래서 다른 사람에게도 더 깊이 공감하고 더 많이 배려하며 더 충분히 나눈다. 이것이 이들의 가장 큰 강점일 수 있다.

더불어 이 유형의 아이들은 타고난 감수성과 직감적 뇌의 영향으로 상상력이 풍부하다. 그로 인해 자신의 상상과 생각, 마음을 다른 사람에게 들려주는 데 탁월한 스토리텔러다.

이 아이들은 단지 말하기만 좋아하는 것이 아니라 그 안에 정서가 깔려 있어서 대화에 운율과 감정이 묻어난다. 선물 하나를 받아도 "고마워요"라고 끝내지 않고 그 선물이 자기를 얼마나 흥분시켰는지, 그 선물을 자기가 얼마나 좋아하는지, 그래서 상대를 얼마나 더 사랑하게 되었는지를 표현할 수 있는 아이들이다. 물론 같은 사회적 선호 유형이라도 외향적인 아이와 내성적인 아이가 조금은 다르게 느껴질 수는 있지만(이는 행동 선호 유형의 '표현'의 범주에서 설명할 수 있는 영역이다. '표현'의 범주는 1지점, 2지점, 3지점으로 나누어지는데, 외향형은 3지점에 가깝고 내성형은 1지점에 가깝다.) 대체로 그들은 다른 사람의 일에 관심이 많고 자기 일을 나누는 것에도 상당히 적극적이다. 부모 입장에서는 이런 아이들이 참 사랑스럽다. 모든 일에 있어 부모의 마음을 헤아릴 줄 안다고 느껴지기 때문이다.

만약 이 아이들이 갑자기 말수가 적어지거나 적대적인 모습을 보인다면, 관계에서 상처를 받았을 가능성이 크다. 앞서 소개한 사례 속 영수도 친구와 사이가 멀어지는 과정을 설명하면서 내게 "저는 가능하면 잘 지내고 싶고, 먼저 공격하지 않아요"라고 얘기했다. 이 말은 아마도 사회적 뇌 선호 유형을 가진 아이들의 기질을 가장 잘 보여주는 말일 것이다. 그러므로 이들을 동기 부여하고자 한다면 '관계'로 시작해야 한다. 다른 아이들이나 타인들의 시선 등에 유달리 관심이 많은 이들은 경쟁의식이 크고 자신의 상태를 다른 사람이 어떻게 생각하는가도 중요하게 생각한다. 그러므로 이들에게 가장 주요한 동기화 코드는 "내가 이것을 해서 누구를 기쁘게 해줄까?", "누구에게 인정받을까?" 등이다. 이 선호 유형의 아이들이 인스타그램이나 페이스북과 같은 SNS에 매달리는 이유도 같은 맥락이다. '다른 아이들은 무엇을 하고 있을까?', '그들은 나에게 어떤 관심을 가지고 있을까?', '나의 소식에 어떤 반응을 할까?'처럼 그들의 주요 관심은 타인의 시선인 것이다. 그래서 이들은 다른 사람과 경쟁하거나 협력할 때 에너지가 생긴다.

더불어 이 유형의 아이들은 자신의 감수성이나 상상력을 실제적인 생활에 사용한다. 가르쳐주지 않은 말도 자유자재로 표현하고, 그림이나 창작 활동에도 능숙하며, 이벤트나 파티 등을 기획하는 데도 남다른 재주가 있다. 우뇌 유형답게 새로운 것에 관심을 보이며 에너지도 높은 편이고 열성적이다. 원래 '정서emotion'가 사람을 역동적으로 만드는 에너지원이므로 정서적 감수성이 풍부한 이들은 참으로 열정적이고 매력적이다.

사회적 뇌 선호 유형의 특징

강점: 감수성, 공감, 배려, 사회적 센스 등.

약점: 독립심, 객관성 등.

우선가치: 사람, 관계, 감정.

자주 사용하는 언어: 누구와 함께 할까?

"이거 해보고 싶다!"
– 새로운 것만 보면 가슴이 뛰는 아이들

세영이는 오늘도 아빠와 게임을 하다가 다투었다. 왜 규칙을 지키지 않냐고 화를 내는 아빠와 규칙을 바꿔서 하면 훨씬 재미있다는 세영이 사이의 간극이 좁혀지지 않았기 때문이다. 세영이는 화를 내는 아빠를 보며 이렇게 생각했다. "매일 똑같은 방법으로 게임을 하면 얼마나 지겨운데. 난 그저 더 재미있는 방법을 찾을 뿐이야. 왜 아빠는 내 마음을 몰라줄까?"

세영이처럼 아이디어도 많고 호기심도 강하며 새로운 것에 대한 적응성도 뛰어난 **개념적** 뇌 선호 유형의 아이들은 언제나 재미있는 것, 즐거운 것, 새로운 것에 집중한다. 반복적인 것을 지루해하고, 자신이 관심 있어 하는 것과 그렇지 않은 것에 대한 호불호가 분명해 흥미롭지 않은 분야에 대해서는 최소한의 관심도 가지려 하지 않는다. 그래서 이들은 제도화된 교육을 버거워하는 경우가 많다. 획일화된 교육체계에서는 이들의 관심사를 충족할 수도 없고, 관심이 없다고 팽개쳐 버릴 수도 없기 때문이다. 마음껏 놀 수 있는 유아 때는 그다지 큰 문제가 없지만 규칙과 질서가 요구되는 학교 생활을 시작하면서부터는 적응하는 데 어려움을 겪기도 한다.

그렇다 보니 개념적 뇌 선호 유형의 아이들 중 일상생활에 필요한 능력이나 지능 등이 현저히 떨어지는 경우도 종종 발견된다. 생활적 기술은 유심히 살피고 관찰하며 모방해야 향상되는데, 관심이 없는 경우 배우고 익힐 기회마저 사라지기 때문이다. 또 새로운 것이나 자신이 흥미를 가질 수 있는 영역이 나타나면 일단 시도해보기 때문에 시행착오에서 오는 실수나 사고도 많이 겪게 된다. 따라서 생활 적응력이 충분히 안정되기 전까지는 규칙 체계에 적응성이 떨어지는 엉뚱한 아이처럼 보이기도 한다.

그래서 이런 유형에 속한 아이들은 사례 속 세영이처럼 자신은 그저 자신이 재미있다고 생각하는 것을 해볼 뿐인데, 다른 사람들이 그런 마음을 알아주지 않는 것 같아 속상하고 외롭다고 느끼는 경우가 많다. 더 나아가 자신을 이해해주지 않는 사람들에 대해 불만과 불평을 가지기도 한다. 이러한 상태가 계속되면 이들은 다른 사람과 어울리는 대신 자신만의 성을 쌓고 그 안으로 들어가버린 뒤 소위 '아웃사이더'를 자처하기도 한다(이들은 기질적으로 '보편적'이라는 단어보다는 '특별한'이라는 단어를 훨씬 사랑하는 것 같다).

이 유형에 속한 아이를 잘 키우기 위해서는 이들이 가진 독특함과 특별함을 알아주어야 한다. 개념적 뇌 선호 유형의 아이들은 같은 상황에서도 특별하고 엉뚱한 생각을 하며 그 안에서 자신의 존재가치를 느낀다. 그래서 이 유형에 속하는 아이들은 아이디어가 무궁무진하다. 단순히 책 한 권을 읽어도 내용에 몰입하기보다는 그 내용을 바탕으로 자신만의 아이디어를 만들어내는 데 주력한다. 이들은 직관적인 뇌가 잘 발달되어 있어 조그만 단서에도 추론하는 능력이 뛰어나고, 새로운 개념을 만들어내는 일에도 능하다. 아마도 스타트업 회사나 벤처기업 등을 시작하는 사람들 중에는 개념적 뇌 선호 유형이 많을 것이다.

또한 이 아이들은 모험과 도전을 좋아한다. 이들은 새로운 것을 보면 어떤 무리가 있더라도 딱 한 번이라도 해보고 싶어

하는 마음이 크다. 자신에게 설사 손해가 나더라도 모험이나 도전을 해봐야 직성이 풀린다. 「정글의 법칙」이라는 TV예능 프로그램처럼 미지의 세계에 가서 새로운 경험을 해보는 것이 이들의 소망일 수 있다. 그래서 이들은 어디로 튈지 모른다고 생각되거나, 가끔은 대범해 보이며, 또 어떨 때는 생각 없이 행동하는 듯하다. 그러나 그들에게는 '재미'와 '의미'라는 확실한 목표와 비전이 존재한다.

개념적 뇌 선호 유형의 특징

강점: 호기심, 풍부한 아이디어, 직관력.

약점: 구체성, 실용성.

우선가치: 새로운 것.

자주 사용하는 언어: 뭐 새로운 것 없을까요?

| 코칭 tip | 우리 아이는 어떤 유형일까요?

1. 대답하는 방식으로 뇌 선호 유형 알아보기.

"이번 방학 때 캠프 한번 가볼래?"

- (분석형) "그게 왜 필요해?"
- (개념형) "옛날에 갔던 곳 아니지? 난 갔던 곳이면 안 가!"
- (체계형) "언제 가는 건데? 힘들지 않나? 며칠이나 가는 건데?"
- (사회형) "영민이도 가나? 영민이 가면 나도 갈래."

"이번 시험 성적이 별론데?"

- (분석형) "이번 시험 문제는 뭔가 문제가 있어!"
- (개념형) "내가 다 아는 건데. 이번 시험은 나랑 스타일이 안 맞아."
- (체계형) "내가 공부한 부분에서 문제가 안 나왔어."
- (사회형) "나보다 못한 애들도 많아."

"새로운 반에서 친구 좀 사귀었어?"

- (분석형) "뭐, 그냥 그래요. 친구 없어도 큰 상관없어요."
- (개념형) "뭐, 같이 노는 애들은 있지만 나랑 관심이 같은 아이는 없어요."
- (체계형) "응, 다섯 명 사귀었어. 쉬는 시간에 같이 놀아요."
- (사회형) "응, 내 짝꿍이랑 나는 베프(가장 친한 친구)되기로 했어."

2. 행동 패턴으로 뇌 선호 유형 알아보기.

1) 분석적 유형의 아이가 많이 보이는 특징

- 무엇이든지 원리를 알고 싶어 해요.
- 공통점, 차이점 등 분석을 잘해요.
- 정보, 사실에 관한 책을 좋아해요.
- 논리적으로 분석하며 배우는 것을 좋아해요.
- "왜?"라는 질문을 자주 해요.

2) 체계적 유형의 아이가 많이 보이는 특징

- 순차적으로 하는 것을 좋아해요.
- 예측이 안 되면 불안해해요.
- 마음대로 하라는 지시보다는 구체적인 지시 시항을 따르는 것을 좋아해요.
- 꼬리에 꼬리를 무는 질문을 해요.
- 꼼꼼하고 세심해요.
- 가르쳐준 대로 잘 따라 해요.

3) 사회적 유형의 아이가 많이 보이는 특징

- 사람들의 관심을 끌고 싶어 해요.
- 눈치가 빠른 편이에요.

• 감정을 잘 이해해요.

• 내가 싫어도 다른 사람이 원하면 응하는 편이에요.

• 상냥하고 친절해요.

• 감수성이 풍부해요.

• 공감 능력이 뛰어나고 배려도 잘해요.

4) 개념적 유형의 아이가 많이 보이는 특징

• 한 가지 장난감도 여러 가지 방법으로 노는 것을 좋아해요.

• 익숙한 것보다는 새로운 것을 더 좋아해요.

• 엉뚱한 상상을 잘해요.

• 곧잘 지루해해요.

• 창의력이 있어요.

• 남들이 다 하는 것보다 자기만의 특별한 것을 하고 싶어 해요.

• 좋은 것과 싫은 것의 구별이 분명해요.

* 위에 기술한 여러 특징 중 아이가 어떤 특징을 많이 가지고 있는지 한번 살펴보세요. 단, 위 항목은 검사도, 체크리스트도 아닌 일반적 특징이라는 점을 고려해주시기 바랍니다.

3부

같은 행동, 다른 마음

vs

같은 마음, 다른 행동

공감과 이해가 어려운 이유

처음 육아를 시작하면 아이들을 이해하는 데 우리의 모든 관심사가 집중된다. 그러나 시간이 지날수록 이해할 수 없는 지점이 늘어난다. 어떤 아이는 혼을 내면 잘못했다면서 눈물을 뚝뚝 흘리고 그다음 날까지 눈치를 봐 마음을 아프게 하는 반면, 혼이 나면서도 딴청을 피우더니 뒤돌아서자마자 혼이 났던 그 행동을 아무렇지도 않게 또 하는 아이도 있다.

하지만 전문가의 입장에서 보자면 두 아이의 행동 모두 두려움에서 비롯된 것이라는 점을 추론할 수 있다. 어떤 아이들은 혼이 나거나 지적을 받으면 위축되고 긴장되는 모습을 보이지만 또 어떤 아이들은 두렵고 고통스러운 감정을 빨리 잊기 위해 더 재미있는 일을 찾아나서기도 한다. 많이 경험해보았겠지만 이 경우 전자는 자신의 두려움을 상대에게 제대로 전달한 것이라 공감받을 수 있지만, 후자의 경우 생각이 있는 거냐고, 엄마 말을 듣기는 한 거냐며 구박받기 일쑤다. 자신의 두려움을 희화화했던 아이는 시간이 갈수록 더욱 부적절한 행동을 보일 가능성이 높고, 일상에서 또 다른 문제를 만들어낼 가능성도 있다. 따라서 겉으로 보이는 행동만으로 아이의 마음을 판단해서는 안 된다. 이해되지 않는 행동이라 할지라도 마음속에서 이는 두려움과 반성, 후회 등을 읽어낼 수만 있다면 부모는 보이는 행동만을 가지고 판단하여 아이를 더 다그치거나 항상 바뀌지 않는 행동에 답답해하지는 않으리라 본다. 그러므로 같은 자극을 주어도 다른 행동을 하는 아이들의 행동 패턴을 잘 이해하는 것은 그를 공감하는 첫 번째 조건이다.

이와는 양상이 다르게 같은 행동을 하지만 아이의 의도나 감정은 다른 경우가 있다. 어떤 아이가 공격적 행동을 했다고 가정해보자. 분석적 뇌를 가진 아이들이 즐겨 하는 말이 있다. "나는 이유 없이 다른 아이를 공격하지 않아." 만약 이 아이들이 다른 아이를 공격했다면 그만한 이유가 있는 것이다. 또한 그들은 그 이후 상황까지 예측하는 편인데 그것을 감수하고 상대를 공격했다는 것은 도저히 참을 수 없거나 위기 의식을 느꼈기 때문이다. 그런데 이유불문하고 공격적 행동에 대해서만 책임을 추궁하거나 반성을 원한다면, 아이가 받아들일 수 있을까? 이와 다르게 새로운 시도를 좋아하는 개념적 뇌 성향의 아이가 공격하는 것은 거의 반수 이상 장난일 가능성이 높다. 이런 경우 하지 말라는 핀잔만으로 개념형 아이의 행동이 멈출 수 있을까? 그보다는 "네가 하는 장난의 반응을 좀 봐. 별로인 모양인데? 게다가 너에게 다시 공격이 돌아오잖아. 진짜 저 아이가 재미있어하고 너한테 역공할 수 없는, 뭐 그런 재미있는 장난은 없을까?" 등으로 아이의 의도를 긍정적으로 보면서 새로운 행동으로 바꾸어줄 수 있는 양육이 필요할 것이다. 이처럼 다른 행동이지만 같은 마음을 나타내는 그만의 코드를 잘 읽어주어야 진정한 공감이 되고, 긍정성을 확대할 수 있다.

아이들의 마음을 제대로 이해하려면?

어느 날 연년생 형제가 날 방문했다. 둘은 쌍둥이로 착각할 만큼 꼭 닮아 있었지만 성격은 정반대였다. 엄마와 상담하는 30분 남짓한 시간 동안 형은 말없이 책을 보며 기다렸지만 동생은 5분이 멀다 하고 엄마에게 달려와 “형이 괴롭힌다”, “형이 무엇을 주지 않는다” 등 불만을 쏟아냈다. 엄마는 “원하는 것을 정확히 말해봐. 그렇게 징징거리지 말고!” 하며 다그치더니 “엄마 바쁘니까 형한테 가서 놀아”라고 말하며 아이를 내보냈다. 하지만 불과 몇 분이 지나지 않아 아이는 더욱 칭얼거리는 목소리로 엄마를 찾아와 갖은 이유를 대며 매달렸다. 고개를 내

밀어 밖을 보니 형은 동생의 그런 태도에 화가 나 있는 것 같았다. 나는 동생에게 "형과 할 수 있는 재밌는 놀이를 찾지 못했구나? 얼마나 심심하면 우리 ○○이가 이러겠니? 자, 우리 10분만 할 수 있는 재미있는 놀이를 정해볼까?"라고 말하며 다가갔다. 그랬더니 아이의 표정이 순식간에 밝아졌다. 아이가 제안하는 여러 놀이 중 형에게 하나를 골라보라고 했더니 형은 카드놀이를 선택했다. 상담을 마치고 돌아가는 길, 형은 동생을 보며 이렇게 말했다. "넌 좋겠다. 선생님이 네 마음을 알아주어서." 그 말이 어찌나 귀엽게 들리던지 한참을 웃었던 기억이 난다.

이 사례는 아주 간단하고 단순해 보이지만 첫째, 아이가 표현하는 주제(형이 나를 불편하게 해)에 머무르지 않고 아이가 지금 이 순간 가장 원하는 것이 무엇인가에 초점을 맞추어 공감하고, 둘째, 아이의 다른 특성을 잘 살려 그들이 합의할 수 있는 포인트를 찾았다. 큰아이는 분명하고 명료하게 자신에게 요구하는 것을 좋아하는 성향이다. 그런데 막연하게 동생하고 놀아주라는 요구는 그를 답답하게 할 뿐이다. 원하는 것이 있으면 분명하고 정확하게 지시하는 것이 이 아이를 더 편안하고 안전하게 만드는 길이다. 그에 비해 동생은 혼자 무언가를 즐기는 것보다 무엇이든 사람과 함께하길 원하는 아이다. 그러니 그 마음을 알아주고, 함께할 수 있는 일을 찾도록 도와주는 것이 그의 행동을 변화시키는 가장 빠른 일이다. 다시 말해 두 아이의 욕구를 만나게 해주고 그 속에서 합의를 이끌어내는 것이야말로 공감의 효과인 셈이다.

그렇다면 진정한 공감에 필요한 코드는 무엇일까? 첫째, 아이들의 발달적 특성을 제대로 이해하는 것이다. 아이들은 상당히 본능적이다. 말보다 행동이 앞서고, 이성보다 욕구가 앞선다. 그래서 아이들을 대할 때 그들의 말보다는 행동을, 더 나아가 그 행동 안에 있는 욕구를 제대로 읽어야 한다. 이는 그 순간 아이들을 있는 그대로 수용하는 마음을 전달하는 것이기도 하지만, 그 과정에서 아이들은 자기의 감정, 행동, 상호작용 방식 등에 대한 통찰이 생기게 된다. 그것이 자기 인식으로 이어져 감정 조절 능력이 쌓이고, 자아 개념으로 통합되는 것이다.

그다음 고려되어야 하는 것이 개개인의 특성이다. 같은 잘못을 저지르고 엄마한테 혼나는 두 형제를 떠올려보자. 한 명은 눈물을 흘리며 계속 잘못했다고 하지만, 또 한 명은 오히려 소리를 지르고 악다구니를 쓰며 버틴다. 둘 다 자신의 잘못에 대해 후회하고 엄마의 징벌에 대해 무서워하고 있지만, 보이는 반응은 다르다. 이때 작용한 것이 무엇일까? 바로 그 아이의 성격과 기질이다. 두려운 자극 앞에서 주도적 기질의 아이는 공격과 정복 태세로, 불안형 기질의 아이는 가장 안정적인 상태로 가기 위한 자기만의 방법을 찾는 것이다. 이렇듯 그 행동을 하는 사람의 특성을 알지 못하면 아이의 행동을 제대로 읽을 수 없다. 다시 말해 공감의 가장 중요한 원칙인 욕구를 아는 것은 그 사람의 특성을 알아야 제대로 읽을 수 있다는 의미이며, 그때야말로 본질적 교감이 이루어진다는 뜻이기도 하다.

즉, 공감은 단순히 아이들과의 좋은 관계를 만들기 위해서나, 정서를 보호하기 위해서만 필요한 것이 아니다. 가장 중요한 이유는 아이에게 그 자신이 어떤 사람인지를 잘 알게 도와주기 위해서다. 즉, 자신이 누구고, 어떤 사람이고, 어떤 욕구가 있으며 그 욕구가 상대방과 소통할 때 어떻게 드러나는지 알 수 있도록 만든다. 아주 쉽게 말해서 남들은 알지만 자신은 모르는 자기 그림에 아주 세밀한 디테일을 더할 수 있도록 공감으로 가이드해주는 것이다. 그래서 아이들의 양육 과정에서 공감은 매우 중요하다.

같은 행동, 다른 마음

자기 의견이나 감정을 표현하지 않아요

아이들은 자신의 이야기를 나눌 가장 최고의 대상으로 부모를 꼽는다. 부모에게 인정받고 싶고, 의존하고 싶은 욕구가 높기 때문이다. 그런데 아이가 유치원이나 학교에서의 일을 잘 이야기하지 않는다면 부모 입장에서 어떻게 대처해야 할지 고민이 된다. 이 행동이 기질적인 특성 때문인지, 마음에 어떤 무거운 점이 있는지 잘 살펴야 하고, 아이에게 다가갈 때도 다르게 대처해야 한다.

먼저 분석적 뇌 성향을 지닌 아이들은 중요한 이야기만 하고 싶어 한다. 따라서 "오늘 어땠어?"라고 묻는다면 "별일 없었어요"라는 답이 돌아올 것이다. 혹시 무슨 문제가 있는 건 아닐까 싶어 더 많은 질문을 퍼붓는다면, 아이들은 참다가 짜증을 내거나 못 들은 척 대답을 안 할 가능성이 높다. 이들과 대화를 하고 싶다면 그들에게 중요한 것, 해결해야 할 일, 혹은 정보를 물어보는 일부터 시작해야 한다.

체계적 뇌 성향을 가진 아이가 입을 다물었다면 이것은 심각한 일이다. 말수가 많은 아이들과 그렇지 않은 아이들 간에 차이가 있긴 하지만 일반적으로 이 유형의 아이들이 입을 다물었다는 것은 말을 함으로 인해 더 어렵고 당황스러운 상황이 생긴다고 판단했기 때문이다. 따라서 이들이 자신의 이야기를 하지 않으려 할 때는 좀 더 주의 깊게 관찰하는 것이 좋다.

사회적 뇌를 가진 아이들은 체계적 뇌 선호 유형과 유사하긴 하지만 원래 공유하는 것을 좋아하는 아이들이니만큼 이런 상황은 거의 일어나지 않는다. 다만, 아이들이 커 가면서 부모보다 친구에게 모든 에너지가 집중되고 자신의 생활에 대한 부모의 잔소리가 많아지면 대화를 차단하게 될 가능성이 높다. 사회적 뇌 유형의 아이들은 무엇보다도 자신의 일에 지지하고 공감하면서 자신을 인정해줄 때 마음을 열기 때문이다.

개념적 뇌를 가진 아이들은 자신의 관심사와 쿵짝을 맞추어 주는 부모와의 상호작용을 즐긴다. 만약 관심사가 맞지 않는다면 부모와의 대화는 꼭 필요한 부분만 하게 될 가능성이 높다. 원래 개념적 뇌 유형 아이들은 사람이나 관계보다는 대상, 즉 자신이 관심 있어 하는 사물이나 상황에만 관심이 있기 때문이다. 이들과 대화를 하고 싶다면 그들의 관심을 알고 그와 함께 해야 한다. 아이들이 좋아하는 놀이, 책, 게임 등 그들의 시선에서 출발하지 않으면 그들의 마음을 알기는 어려울 것이다.

분노를 참지 못해요

'화'라는 감정은 원래 자신의 정당성이 인정받지 못했을 때, 혹은 자기 기준에 맞지 않았을 때 일어난다. 그렇다면 자신의 기질 특성에서 가장 중요한 기준이나 원칙이 그들의 화를 촉발하지 않겠는가? 분석적 뇌 성향의 아이들을 분노하게 하는 것은 이해가 안 되었을 때다. 이들이 동생들에게 자주 화를 내는 이유는 그들이 논리도, 이유도, 타당성도 없이 행동하기 때문이다. 틀린 것을 맞다고 우기기도 하고, 애써 가르쳐줘도 자기 마음대로 하는 동생을 분석적 뇌 성향의 아이들은 특히 참기 힘들다. 부모에게도 마찬가지다. '따지지 말고 무조건'이 이들을 가장 분노하게 하는 지점이다. 이들의 화를 가라앉히기 위해서는 가장 먼저 이해시켜야 한다. 그들이 맞다고 생각하는 논리에 대해 충분히 지지해주고, 그 외의 논리에 대해 잘 납득할 수 있도록 설명하는 것이 어떤 공감보다도 중요하다.

체계적 뇌 유형의 아이들이 화가 나는 코드는 규칙과 질서가 지켜지지 않거나 예측할 수 없는 일이 일어났을 때다. 자신의 규칙을 깨버릴 때의 황당함이 분노로 이어지는 것이다. 그래서 이들에게는 항상 정해진 대로, 예측한 대로 실행되게 하는 것이 분노를 발생시키지 않는 방법이다. 또 이들은 자신의 실수를 지적했을 때 분노한다. 물론 모든 사람들이 자신의 실수를 지적받는 것에 대해 불편해하지만 특히 이 유형의 아이들은 '틀렸다'는 말에 상당히 주목하기 때문에(프로세스가 중요한 그들의 특성 때문에 이런 현상이 나타난다) 실수나 잘못의 지적은 그들에게는 큰 상처로 남는다. 만약 이들이 실수를 지적받아서 분노한다면 아주 세밀하게 어떤 부분이 잘 되었고, 어떤 부분은 수정되어야 하는지에 대해 설명해주는 것이 가장 중요하다. 두루뭉술하게 상황을 마무리하려고 하는 것은 좋지 않다. 이 아이들은 자기가 중요하게 생각한 지점에 대한 정당성이 있는지, 자신이 맞는지 틀린지가 명백하게 판단되었는지를 중요하게 여기기 때문이다.

사회적 뇌 유형의 아이들이 분노하는 경우는 자신이 인정받지 못하거나 마음에 상처를 받았을 때다. 감정에 특히 자극도가 높은 이 아이들은 분노를 한 이후의 감정 즉 자신의 감정으로 인해 피해받은 사람들의 감정, 그 일로 자신에 대한 다른 사람들의 평가까지 생각하느라 스트레스를 많이 받는다. 그래서 말하지 못하고 참고 있다가 어느 순간 급작스럽게 폭발하는 경우도 많다. 그러므로 사회적 뇌 유형의 아이들이 분노할 경우 가장 알아주어야 하는 감정은 얼마나 상처받았는가 하는 점이다. 다른 사람을 배려하느라 얼마나 참았는지, 그럼에도 불구하고 참을 수 없었던 그 감정 때문에 얼마나 힘들었는지에 관한 공감이 그들의 분노를 사라지게 만든다. 앞의 두 유형의 아이들에게는 분노라는 이슈가 명백한 자신의 옳음에 대한 증명이라면, 사회적 뇌 유형 아이들의 분노는 상처에 대한 대응임을 알아야 제대로 된 공감을 할 수 있다.

마지막으로 개념적 뇌 유형의 아이들은 어떨까? 그들은 그들만의 특별함을 알아주어야 하는 특성이 있다고 계속 강조해왔다. 이들은 스스로의 의미와 의도가 정말 중요한데, 만약 이 의미와 의도가 퇴색되거나 상대가 알아주지 않았을 때 분노하게 된다. 예를 들어, 키우는 강아지가 귀엽기도 하고 궁금하기도 해서 만지작거리며 이런저런 장난도 쳐보는데 부모님이 강아지 괴롭히지 말라며 혼낸다면 개념적 뇌 유형의 아이들은 자신이 전혀 이해받지 못하고, 자신이 생각하는 것을 다른 사람은 전혀 인정하지 않는다고 생각하며 우울해할지도 모른다. 이들이 분노할 때 초점을 맞추어 공감해주어야 하는 것은 언제나 그들의 의도다. 일이나 행동에 특별히 담긴 자기만의 의미를 알아줄 때 이들의 분노를 잠재울 수 있는 것이다.

스트레스 때문에 아무것도 하고 싶지 않대요

뇌 선호 성향이라는 것은 외부의 자극을 받아들이는 코드를 뜻한다. 그러므로 스트레스를 받는 지점도 뇌 선호 성향에 따라 달라질 수 있다. 아이들은 기본적으로 본능에서부터 올라오는 활력이 있기 때문에 웬만하면 무기력해지기 힘들지만 스트레스가 너무 심하거나 스스로 대처가 어려워 포기하는 상황이 오면 모든 것을 놓아버린다. 따라서 아이들이 '잘 노는가'를 관찰하는 것은 아이의 정서적 상태를 파악하는 중요한 지표다. 현재 정서적으로 불안정하고 스트레스를 많이 받는 아이들은 어떤 놀이를 해도 몰입하지 못하고 산만해지는 것이다. 그렇다면 각각의 뇌 선호 유형에 따라 어떨 때 가장 스트레스를 받고 무기력해지는지 알아보자.

분석적 뇌 성향의 아이들은 목적이 없을 때 무기력하다. 이들에게 '그냥 하는' 것은 별 의미가 없다. 그런데 대체로 아이들은 의미와 가치로 일을 생각하는 것이 아니라 재미있는가, 내가 하고 싶은가에 따라 목적이 형성된다. 그렇다면 이들에게 스트레스를 주는 것은 무엇일까? 계속 무언가를 하라고 떠미는 환경이다. 억지로 지시에 따를 때 분석적 뇌를 가진 아이들은 목적을 충족하지 못하고 무기력해진다.

이와 상반되게 체계적 뇌를 가진 아이들은 네 가지 유형의 아이들 중 지시에 가장 순종적일 가능성이 높다. 이들이 스트레스를 받고 무기력해지는 경우는 목표가 너무 높을 때다. 이들은 어떤 목표를 제시하면 그 프로세스를 먼저 생각하기 때문에 목표가 너무 높으면 좌절감을 느끼게 된다. 만약 문제집 다섯 장을 풀면 그때부터 놀 수 있다고 했는데, 끝나자마자 엄마가 와서는 생각보다 빨리 끝났으니 오늘은 두 장 더 풀자라고 제안하면 이 아이들은 그 다음 날부터 일부러 늦장을 부리기 시작하고 급기야 포기하게 된다. 그래서 이 아이들에게는 자신이 감당할 수 있는 목표를 주고 각 프로세스마다 보상과 인정을 하는 것이 중요하다.

사회적 뇌 유형의 아이들이 스트레스를 받는 것은 인정받지 못하거나 자신이 만족할 만한 관계가 없을 때다. 이들은 친구가 없을 때 학교생활에 가장 위축되고, 아무것도 하기 싫어진다. 집에서는 부모님이 이제 더 이상 자신을 인정하지 않는다고 느끼거나, 다른 형제를 더 관심 있어 한다고 느끼면 상처를 받는다. 더불어 이 아이들은 경쟁심도 강해 은밀하게 남들을 이기고 싶어 한다. 그러나 이들의 승리에 대한 욕구는 분석적 뇌나 체계적 뇌를 가진 아이들과 좀 다르다. 분석적 뇌나 체계적 뇌를 가진 아이들이 실력에 대한 타인의 인정, 자신의 유능함 과시 등이 목적이라면 이 아이들은 다른 사람들이 자신을 얼마나 좋아할까에 초점을 둔다. 그렇기 때문에 이들이 무기력에 빠지지 않게 하려면 항상 이들의 관계와 사랑받는다는 느낌을 주는 것이 가장 중요하다.

개념적 뇌를 가진 아이들의 스트레스는 당연히 자신이 관심 없는 일을 하는 것이다. 자신이 관심 없어 하는 수업을 계속 들어야 하는 초등학교 4학년 아이가 자신의 느낌을 "감옥에 사는 게 낫겠다"고 표현할 정도라면 관심 없어 하는 일을 할 때 이 아이들의 기분이 어떨지 충분히 납득할 수 있다. 이들은 앞서 설명했듯이 호불호가 아주 분명해서 관심 없는 일을 의무적으로 할 때 엄청난 스트레스를 받는다. 또한 지루한 일을 반복하는 것, 자신에게 의미가 없는 일을 해야 하는 상황 등은 이 아이들을 무기력하게 만드는 코드가 된다. 그러므로 이들은 자기 관심사를 알아주고 공유해주며 그것을 계속 확대하는 일을 만들어내야 한다.

보상이 효과가 없어요

내적 보상을 잘 활용하지 못하는 어린아이들의 경우에는 외부 보상을 통해 동기화시켜야 한다. 어느 집이든 아이가 6~7세 정도 되면 칭찬 스티커와 같은 형태로 아이들에게 보상을 주는 일을 한번쯤은 시도한다. 이 연령이 발달 특성상 내적 동기화와 연결되는 아주 중요한 지점이기 때문에 이러한 동기 부여 방법은 효과적이다. 하지만 아이의 연령이 높아지면서 칭찬 스티커와 같은 단편적인 방법이 지속적으로 효과를 발휘하지 못하는 경우도 많다. 보상이 효과를 갖기 위해서는 동기 유발이 되어야 하는데, 특히 보상을 제시하며 중요한 것은 뇌에서 보상 요소를 향한 욕구가 발동해야 한다는 점이다. 이때 주의해야 할 점은 아이를 강요하는 수단으로 보상을 사용하거나 조건을 달아서는 안 된다는 것이다. 즉, 눈에 보이는 보상체계보다 더 중요한 것은 아이들의 동기 요소를 확인한 후 아이들이 스스로 선택할 수 있는 분위기를 형성하는 것이다. 그렇다면 뇌 선호 유형에 따라 효과적인 보상의 방법에는 어떤 것들이 있는지 알아보자.

분석적 뇌를 가진 아이들은 보상이 정확해야 한다. 자주 빈번하게 보상을 주는 것보다는 자기가 원하는 목표를 정확하게 설정해주고, 그 목표를 달성했을 때 보상하는 것이 좋다. 이 아이들은 다양한 보상이 필요하지는 않다. 자신이 중요하게 생각하는 것 그 이상도 이하도 필요 없는 아이들이기 때문이다.

체계적 뇌 유형이야말로 전통적인 보상 체계가 잘 먹히는 아이들이다. 이들은 하나하나 모으는 형식step by step으로 자신이 잘한 것에 대해 구체적인 보상을 받기를 원한다. 이럴 때 그들은 목표에 대한 의지를 잃지 않으면서도 각 단계마다 최선을 다하게 된다.

사회적 뇌를 가진 아이들은 눈에 보이는 보상도 좋아하긴 하지만 매일매일 하는 정서적 공감, 스킨십 등이 물질적 보상과 함께 수반될 때 비로소 자신이 인정받는다고 여기며 만족해한다. 이들에게 오히려 보상을 준다는 조건을 걸어놓고 이를 이행하지 않는다고 비난하거나 지적하면 보상은 없는 편이 낫다고 생각한다. 하나를 해도 진심으로 감동해주는 것이 이들에게 가장 좋은 보상이다.

개념적 뇌를 가진 아이들은 관심사가 뚜렷한 만큼 부모가 아무리 여러 조건들을 제시하며 유도해보아도 본인이 원하는 것이 아니라면 큰 관심을 가지지 않을 수 있다. 새로운 것, 신기한 것, 시도하면 더 크게 확대되는 비전을 보이는 것이 이들을 동기화한다.

새로운 장난감, 딱 이틀 놀아요

마트에서 장난감들을 구경하고 있자면 어린 시절로 돌아가고 싶을 만큼 신기하고 흥미롭다. 어른들도 이럴진대 아이들은 오죽하겠는가? 매일 사주네, 못 사주네 하면서 문방구나 마트에서 실랑이가 벌어지는 것은 너무도 당연한 일이다. 그런데 아이들마다 장난감을 대하는 방식도 다르다. 어떤 아이들은 장난감을 오래도록 소중히 가지고 놀지만 또 어떤 아이들은 몇 시간도 되지 않아 흥미를 잃고 거들떠보지 않는다. 반면 장난감 자체에 별 관심이 없는 아이들도 있다. 과연 장난감에 대한 이러한 태도도 뇌 선호 유형과 관련이 있을까? 아주 직접적으로 설명되지는 않겠지만 어느 정도 연관성은 찾을 수 있다고 생각한다. 반면 장난감을 가지고 노는 방법에는 뇌 선호 유형에 따라 분명한 차이가 있다.

일단 분석적 뇌를 가진 아이들은 자주 무언가를 사달라고 하지 않는다. 이 아이들은 본질과 개념을 중요시하기 때문에 자신이 갖고 있는 것과 유사한 장난감을 또 사달라고 떼쓰지 않을 것이다.

체계적 뇌 유형의 아이들은 다른 유형의 아이들에 비해 줄 세우기, 같은 시리즈물 수집하기, 장난감에 레벨이나 순서 매기기 등을 좋아할 가능성이 높다. 좋아하는 캐릭터가 담긴 카드 등을 오랜 시간 동안 보관하면서 즐기는 아이들이 대개 이 유형이다. 따라서 이런 아이들은 장난감을 많이 사달라고 할 수는 있지만 쉽게 버리지는 못할 것이다.

앞서 분석적 뇌를 가진 아이들의 경우 자기 관심사가 아닌 것에 그다지 욕구가 없다면 구체적 뇌를 가진 아이들, 즉 체계적이고 사회적 유형의 뇌를 가진 아이들은 보이는 것마다 갖고 싶어 하는 욕구가 높을 수 있다. 이 경우 체계적 아이들은 약속을 중요하게 생각하기 때문에 정확하게 장난감을 살 수 있는 횟수, 시간, 장난감 가격 등을 정하고 그것을 기다리게 도와주어야 한다.

이에 반해 사회적 뇌의 아이들은 이런 약속이 잘 통하지 않는다. 그들은 지금 당장의 자신의 느낌이 중요하고, 자신의 만족을 지연하는 것이 쉽지 않기 때문이다. 여기에다 만약 부모가 그것을 받아들이지 않으면 자신에 대한 거절로 해석하여 더 큰 불만을 가질 수 있다. 그래서 이들에게는 똑같이 안 된다고 할 때도 체계적 뇌를 가진 아이들처럼 '약속'을 내세우기보다는 그들의 안타까운 심정을 충분히 공감해주면서 스스로 납득할 수 있도록 도와야 한다. 무분별하게 원하는 장난감을 모두 사줄 수는 없지만 사회적 뇌를 가진 아이들의 경우 정서적 흐름을 정확하게 파악하는 것이 더 중요하다. 이들은 다른 사람들로부터 인정받고 수용받았다고 느낄 때 진심으로 만족한다. 만약 자신이 원하는 장난감을 살 수 없는 환경에 지속적으로 노출된다면, 욕구 불만으로 이어질 수도 있다. 따라서 부모가 정한 규칙에서 약간 벗어나더라도 아이가 원하는 것을 어느 정도 들어주는 것이 장기적으로 볼 때는 더욱 긍정적인 효과를 발휘할 수도 있다. 사회적 뇌를 가진 아이들은 육체적·정서적 충만함을 느낀 뒤, 공감대를 형성하고 그 이후에 자신의 욕구를 지연할 수 있는 능력이 만들어지기 때문이다.

개념적 뇌 유형의 아이들은 낯설거나 신기해 보이는 물건에 즉각적으로 관심을 가지지만, 쉽게 지루해할 가능성이 높다. 이들은 반복하는 것을 싫어하는 특성이 있기 때문이다. 그래서 이런 아이라면 장난감 대여를 이용하는 것이 합리적인 대안이 될 수 있다. 또 한 가지 기능만 있는 것보다는 다양한 방식으로 활용할 수 있는 장난감을 골라주고, 놀이하는 과정에서 상호작용을 충분히 해주는 것이 좋다.

같은 마음, 다른 행동

사람들에게 관심받고 싶을 때

아직 세상에 대한 두려움과 낯섦, 수줍음으로 가득 찬 아이들이 다른 사람들 앞에 선다는 것은 생각보다 어려운 일이다. 그러나 다른 사람 앞에 자신을 보여주고 싶은 욕구 또한 모든 아이들에게 존재한다. 그렇다면 아이들은 언제 이러한 어려움을 극복하고 사람들 앞에 나서고자 할까? 바로 자신을 내세우고 싶고, 자랑하고 싶은 순간일 것이다. 이는 인정의 욕구와 상당히 연관되어 있는데, 분석적 뇌를 가진 아이들의 경우 자신의 유능함을 알아줄 때 가장 큰 만족감을 느낀다. 이들이 좋아하는 말은 "똑똑하다", "넌 어떻게 이런 것을 잘 아니?" 등이다. 그래서 이 아이들은 논쟁도 즐기고, 자신이 아는 것을 다른 사람에게 설파하는 것을 좋아한다. 마치 지식이 자신을 대변해주는 무기이듯 이들은 그를 잘 활용하고 그것으로 자신감을 가진다. 그러므로 사람들 앞에 나서고 싶은 순간도 자신이 그 내용에 대해 아주 잘 알고 있다라고 느낄 때다. 표정 변화도 그다지 없는 이들은 자신의 지식을 자랑할 수 있는 순간이 되면 관심을 보이고, 이 지식을 다른 사람에게 얘기할 때는 아주 오랫동안 준비해온 사람처럼 열변을 토한다. 즉, 자신이 잘 알고 있는 사실을 이야기할 때가 사람들에게 자기를 보여주고 싶을 때다.

체계적 뇌 유형의 아이들은 실수하는 것을 두려워하고 도전을 무서워하지만 경험이 충분하다고 느끼는 일이나 자기가 충분히 숙달되었다고 생각하는 부분에 대해서는 과감하게 자신을 드러낸다. 이때 그 노력과 유능의 수준 둘 다를 인정받아야만 아이는 진심으로 충만함을 느낀다.

사회적 뇌 유형의 아이들은 네 가지 뇌 선호 유형 중 가장 적극적이다. 물론 그가 내성적이냐, 외향적이냐에 따라 조금 다르겠지만 설혹 내성적인 아이들일지라도 마음속에는 스포트라이트를 받고 싶은 욕구가 가득하다. 그래서 이들은 자기 나름의 무기를 가지고 있다가 기회가 되면 언제든지 자신을 드러낸다. 이들은 사람들에게 관심을 받고 싶은 그 어떤 순간도 놓치지 않으려 한다. 수줍어하거나 부끄러워하면서도 혹은 겁을 내면서도 이들은 늘 자신이 무대 앞에 있길 원한다. 아이돌을 꿈꾸지만 수줍음이 많은 어느 여학이의 말한 것처럼 "사람들이 모두 나를 쳐다봐주는 것이 너무 좋아요"는 사회적 뇌를 가진 아이들 전체를 대변하는 말이기도 하다.

그렇다면 개념적 뇌 유형의 아이들은 어떨까? 이들은 관심과 인정의 욕구가 있긴 하지만 발현되는 정도와 시기, 방법 등에 상당한 차이가 있다. 왜냐하면 그 당시에 아이가 무엇에 관심을 갖고 있느냐에 따라 사람들 앞에 나서는 일을 생각하는 비중도가 다르기 때문이다. 그래서 어떤 때는 상당히 사람 앞에 나서는 일을 즐기는 것 같고 원하는 것 같지만, 또 어떤 때는 전혀 관심이 없어 보인다. 그래서 이들의 마음을 예측하기 힘들다고 느낄 수 있다. 그러나 이들은 특별한 것을 좋아하는 만큼 사람 앞에 나서는 일 자체보다 얼마나 다른 사람과의 차별성을 가지고 사람 앞에 나서느냐가 더 중요하다. 고무찰흙으로 만들기를 아주 잘하는 개념적 뇌 유형 아이에게 잘 만들었다고 칭찬하면 첫 마디가 "다른 사람도 이만큼은 다 만들지 않나요?"다. 이 말에서 느껴지듯 이 아이들은 특별한 일로 다른 사람 앞에 나서는 일이 중요한 것이다.

어떤 일 앞에서 떨리고 자신 없을 때

스스로 발달하고 성장하고 싶은 마음은 인간의 기본 욕구다. 이것을 성취 동기라고 하는데 성취 동기는 만 3세면 생기는 인간의 속성이기도 하다. 그런데 누구나 그렇듯 배움을 처음 시작할 때는 두렵고 망설이게 된다. 특히 아이들은 끊임없이 새로이 무언가를 배워야 하는 만큼 그에 대한 부담도 생각보다 크다.

일반적으로 아이들이 어떤 일 앞에서 주저하고 있을 때 부모들은 이렇게 말한다. "일단 해봐, 괜찮아. 다른 친구들도 다 하잖아", "못해도 되니까 한 번 해봐." 그런데 이런 격려는 뇌 선호 유형에 따라 효과적일 수도 있지만 역효과를 낼 수도 있다.

먼저 분석적 뇌 선호 유형 아이들의 경우에는 자신이 없을 때 그 감정을 그대로 표현하기보다는 '이 일은 내가 싫어하는 것이다' 혹은 '왜 이 일이 필요하냐' 등으로 자기 방어를 시작할 가능성이 높다. 이들은 논리 없이 감정적으로 반응해야 하는 상황을 아주 어려워하기 때문에 어떠한 궤변을 늘어놓더라도 이 일을 할 수 없는 이유를 설명하려고 할 것이다. 아이의 타당하지도 않은 논리적 설명이 많아진다는 것은 그만큼 불안과 긴장의 정도가 크다는 뜻이다. 이때 무조건 격려하거나 지지한다고 해서 이 아이들의 굳어 있는 긴장을 풀 수 없다. 오히려 이 일과 유사한 상황에서 발휘된 아이의 강점, 평소 이런 과제를 해결하는 데 있어서 사용했던 아이의 능력 등을 진지하게 이야기해줌으로써 아이의 자신감을 높이는 것이 우선순위다.

실제로 수학을 거부하는 어느 분석형 아이는 다른 아이들처럼 "수학이 어려워요"라고 말하는 대신에 "수학은 실생활에 아무 도움이 안 되잖아요"라고 강조했다. 이때 아이가 평소에 좋아하던 게임에서 원리를 파악하는 능력, 전략을 짜는 그의 탁월함 등을 칭찬해주고 그것을 수학 공부에 적용한다면 결과가 어떠할지에 대해 예측해보자고 제안하자 자신감을 갖고 수학 공부를 시작했다.

이처럼 분석형 아이는 감정 그대로를 표현하지 않고 그 상황을 피하려고만 하기 때문에 충분히 자신감을 가지고 그 일을 받아들일 수 있는 기회와 자원을 제공하는 것이 필요하다.

체계적 뇌 유형 아이들의 경우에는 일을 수행하지 않고 질문만 계속하거나 다른 사람이 하는 것을 보고 난 뒤에 하겠다고 말할 수도 있다. 체계형 아이들이 이런 행동을 보인다면 지금

이 과제를 어떻게 수행해야 할지 판단과 계획이 명확하지 않아 심하게 당황하고 있다고 해석하면 된다. 이 유형의 아이들에게는 그 어떤 것보다 구체적 가이드와 프로세스가 필요하다고 설명해왔다. 아이들이 머뭇거리고 자신 없어 할수록 더 세심하고 꼼꼼하게 그 일을 수행할 수 있는 단계와 내용을 제공하라. 그것이 이들의 자신감의 근거가 될 것이다.

사회적 뇌 선호 유형 아이들의 경우 두려워하는 자신의 감정을 어떤 식으로든 외부로 표현하려 할 것이다. 어린 아동의 경우 그 자리에 주저앉아 울 수도 있고 양육자에게 징징거릴 수도 있다. 자신의 어려움을 어떤 형태로든 상대에게 전달하여 공감받으려는 시도인 셈이다. 이때 세심하고 친밀하게 감정을 충분히 살펴주어야 한다. 이 단계가 충족되어야 다른 사람의 관심에 주목하게 되는데 자신에게 얼마나 애정적 관심과 지원이 있는가가 이들을 자신감 넘치게 만들기 때문이다.

개념적 뇌 선호 유형의 아이들은 아마도 그 과제에 대해 모른 척하거나 현재 주어진 일 외에 다른 일로 관심을 이동하려는 시도를 할 수 있다. 만약 과제가 있는데 딴짓을 하는 개념형 아이가 있다면 '이 일에 대해 자신이 없구나'라고 받아들이면 된다. 이 아이들에게는 "처음 하는 일이니 네가 원하는 방식대로 해 봐. 뭐든지 괜찮아!" 등으로 구조나 결과를 먼저 제시하기보다는 마음껏 시도할 수 있는 환경을 제공하는 것이 효과적이다.

자기 마음대로 하고 싶어 할 때

누구나 자기 뜻대로 하고 싶은 마음이 있다. 특히 아이들의 경우에는 다른 사람의 입장보다는 자기 뜻으로 세상의 질서를 잡아가고 싶은 욕구가 강하다. 그래서 자기 뜻대로, 마음대로 하고 싶어 하는 행동이 빈번하게 나타나게 된다. 당연히 부모의 입장에서는 이런 행동에 어떻게 대처해야 아이가 위축되지 않으면서도 안전한 포기나 양보, 협상과 타협 등을 이루어낼 수 있을지 고민이 된다. 아이들이 좌절하는 것을 안전하게 수용하면서 타인과의 협상을 이루어내기 위해서는 그들의 생각 선호 유형에 따라 중요하게 생각하는 협상의 포인트를 잘 알아야 한다.

분석적 유형의 아이의 경우 타인에 대한 고려 없이 자신이 원하는 행동이 직접적으로 나타날 수 있다. 사회적 선호 유형과 대극적인 지점에 있는 분석적 유형의 아이일수록 자신이 원하면 그 상황이나 사실의 옳음에만 초점을 두기 때문이다. 그러므로 분석적 유형의 아이가 자기 뜻대로 하고 싶어 한다면 타인에게 자신의 행동이 어떤 영향을 주는지 알게 해주는 것이 무엇보다 중요하다. 단 이때 지나친 감정적 호소보다는 타인을 배려하지 않는 일이 현실적으로 어떤 영향을 주는지 그들이 사고할 수 있도록 담백하게 전달하는 것이 더욱 효과적이다.

체계적 유형의 아이들은 상황이나 타인과 상관없이 자기 순서와 계획을 더 우선시할 수 있다. 이때 문제는 아이들의 세계에서 순서와 계획이 객관적인 것이 아니라 자기 위주라는 점이다. 이런 경우 이들이 중요시 여기는 순서와 규칙이 무엇인지 파악하고 그것을 존중해준 뒤 다른 사람의 의견에 귀 기울일 수 있는 기회를 제공하는 것이 좋다. 예를 들어 게임을 한다면 '이번 판은 너의 규칙대로, 다음 판은 나의 규칙대로' 등과 같이 상황 속에서 유연하게 타인의 규칙을 받아들일 수 있도록 이끄는 것이다.

사회적 유형의 아이들은 웬만해서는 상황이나 타인을 고려하지 않은 채 자기 마음대로 행동하는 경우가 드물다. 앞에서 여러 번 언급했듯이 관계를 중요시하는 이들의 주된 관심사는 자신이 다른 사람에게 어떤 사람으로 인식되는지, 자신이 한 행동으로 인해 타인이 나를 어떻게 생각하는지 등이다. 그럼에도 불구하고 이 유형의 아이들이 마음대로 하고 싶어 한다면 현재 아주 심한 상처를 받았거나, 부정적 감정에 휩싸여 있을 가능성이 크다.

이때 타인이 자기 뜻에 따라주지 않으면 이들은 자기를 미워하거나 나쁘게 생각한다고 느껴 감정을 더욱 증폭시킬 가능성이 있다. 만약 이들과 협상하거나 잘못된 행동을 바꾸어주고 싶다면 '안아주기'부터 시작하라! 아무도 너를 나쁘다고 생각하지 않고, 미워하지 않음을 이해시켜야 그들은 다른 사람과 상황을 살피기 시작할 것이다.

개념적 뇌 선호 유형의 아이들은 자칫 제멋대로 구는 아이로 비춰질 수 있다. 그만큼 자기 세계가 확고한 아이들이기 때문이다. 특정 관심사가 생기면 다른 요소는 거의 고려하지 않는 것이 개념적 뇌 선호 유형의 인지적인 특성이기 때문에 부모들은 간혹 이들을 상당히 이기적인 아이라고 오해하기도 한다. 반면 이 유형의 아이들에게는 새로움을 즐기는 긍정적인 특성이 있다. 규칙을 어기거나 타인의 의견을 받아들이지 않는다면, 제3의 대안을 모색할 수 있도록 돕고, 그 아이디어가 얼마나 많은 사람에게 기여했는지 알려주자. 이 과정이 순조롭게 진행된다면 아이는 부모가 생각지도 못했던 창조적인 결과물을 내어놓을지도 모른다.

자신이 잘못했다고 생각할 때

훈육을 하는 과정에서 아이들의 보이는 반응은 정말 흥미롭다. 꾸중하기도 전에 잘못했다고 말하며 용서를 비는 아이들이 있는가 하면, 또 어떤 아이들은 훈육을 하는 것이 의미가 있나 싶을 정도로 아무렇지도 않게 반응하고 절대로 잘못했다고 말하지 않기도 한다. 잘못이나 문제를 지적받았을 때 모두 마음속으로는 뉘우칠지 몰라도 뇌 선호 유형에 따라 보이는 행동 양식은 조금씩 다를 수 있다.

분석적 뇌 선호 유형의 아이는 간결하고 정확한 것이 중요하고, 자기비판 등에 대해 예민한 아이들이기 때문에 이 상황을 최소화하려는 경향이 강하다. 그래서 잘못했다고 한 마디 툭 던지거나 그마저도 안 할 수도 있다. 이 경우 충분히 반성하는 모습이 보이지 않는다고 아이를 자꾸 다그치면 입을 더 굳게 닫을 수 있다. 한편, 체계적 뇌 유형의 아이들은 규칙을 중요시 여기기 때문에 기준을 내세워 잘못을 설명하면 대개 잘 수긍한다. 하지만 이 아이들은 언제나 자기 입장을 이해받고 싶어 하기 때문에 자신이 왜 그런 행동을 했는지에 대해 설명하려고 할 수 있다. 이때 부모는 이 모습을 변명으로 느낄 수도 있다. 그러나 이 유형의 아이에게는 결과만 가지고 평가하기보다는 과정에서의 아이의 입장을 충분히 들어주고 훈육하는 것이 효과적이다.

사회적 뇌를 가진 아이들은 자신이 잘못했다고 생각할 때 사건 자체보다는 그 일 때문에 상대가 자신에 대해 어떤 감정을 갖는가가 훨씬 더 주요한 관심사다. 이들은 계속 "엄마, 나 미워요?", "내가 싫죠?" 등으로 잘못과는 상관 없는 감정적 질문을 해댄다. 좌뇌형(분석적, 체계적) 부모 입장에서 보면 훈육받은 행동에 대해서는 아랑곳하지 않고 자신의 감정만 확인하려는 이 아이들이 황당할 수도 있지만 이들은 자신의 잘못에 대해 다른 사람이 어떤 마음을 갖는가가 중요하기 때문에 이런 반응을 보이는 것이다. 이때 "네가 이 일에 대해 크게 실수했다고 느끼는구나. 행동은 언제든 바꿀 수 있고, 우리 ○○가 이번 경험을 통해서 충분히 알았다고 생각해" 등과 같은 말로 아이를 안심시키는 것이 좋다.

개념적 뇌를 가진 아이들은 부모인 당신이 훈육을 시작하려 할 때 이미 다른 일로 관심이 바뀌었을지도 모른다. 심지어는 자신의 잘못을 인정해야 하는 상황이 머쓱하거나 어색해서 관심이 없는 척하거나 아무렇지도 않게 행동할 가능성도 있다. 이 경우 부모는 아이가 전혀 잘못을 느끼지 않고 있다고 착각할 수 있는데 그렇다고 이 아이들을 계속 붙잡아놓고 훈계하는 것은 썩 좋은 방법이 아니다. 오히려 아이가 귀담아들을 수 있도록 짧고 간결하지만 인상적인 방법으로 그 행동을 지적하고 그것에 대해 아이가 건성으로 잘못했다고 말하는 것처럼 들려도 수용해주어야 한다.

싸워서 마음이 불편할 때

친구와의 갈등은 아이들의 관계에 빈번히 일어나는 일이다. 그러나 친구와 싸우고 난 뒤 반응은 아이들의 기질에 따라 굉장히 다른 양상을 보인다. 분석적 뇌 성향의 아이들은 타인에게 크게 관심이 없을뿐더러 감정적 변화도 크지 않아 웬만해선 갈등을 유발하지 않는다. 이들에게 갈등은 도저히 이해할 수 없는 상황에서 비롯된 일이기 때문에 이미 갈등을 빚었다면 그들과 다시 좋은 관계를 맺어야 할 필요성도 느끼지 못할 가능성이 크다. 다만, 상대편에서 자신의 잘못을 깨끗하게 인정하고 화해를 청하거나 서로 화해하는 것이 공정하다라고 판단할 때 이들은 친구들에게 한 발 다가갈 것이다.

체계적 뇌 성향의 아이들은 자기가 예측할 수 없는 상황을 만드는 사람과 갈등을 빚을 가능성이 많다. 어떤 친구들이 가장 싫냐는 질문에 이들은 '자기 마음대로 하는 아이들'이라고 대답하는 것만 보아도 이 아이들이 규칙을 벗어나는 것을 얼마나 싫어하는지 잘 알 수 있다. 심한 경우 혼나기 싫어서 아예 싸움을 하지 않는다고 말하는 아이들도 있다. 이처럼 체계적 뇌 성향을 가진 아이들은 다른 상황에서와 마찬가지로 상황을 예측하고 그에 따라 행동하려고 한다. 또 이 아이들은 싸운 뒤에는 반드시 화해하는 것이 규칙이라고 알고 있기 때문에 웬만하면 화해를 하려고 한다(행동 선호에서 주장 3, 유연성 1의 친구들은 아무리 규칙이 있어도 고집을 부리고 화해하지 않을 가능성도 높다). 왜냐하면 자기가 규칙을 어기는 사람이 되고 싶지 않기 때문이다.

사회적 뇌 선호 유형의 아이들은 친구와 싸우는 것 자체가 가장 큰 스트레스이기 때문에 가능하면 이런 일을 만들고 싶어하지 않지만 사람과 함께하는 일이 상대적으로 빈번한 만큼 갈등도 많을 수 있다. 이 아이들은 원활하지 못한 인간관계에서 어마어마한 스트레스를 받으므로 가능한 한 빨리 좋은 관계로 돌아가고 싶어 한다. 그래서 상대적으로 다른 유형에 비해 화해도 잘하고, 심각하게 그 관계를 이끌어가지도 않는다. 아주 심한 마음의 상처를 받지 않았다면 말이다.

개념적 뇌 선호 유형의 아이들은 자칫 친구와의 갈등 상황을 신경조차 쓰지 않는 것처럼 보일 수 있지만 관계에서의 어려움은 이 아이들에게도 마찬가지로 존재한다. 그러나 이 아이들은 사회형처럼 많이 상처를 입거나 분석형이나 체계형처럼 그 갈등의 이유를 생각하기보다는 상대와 앞으로 놀 수 있는 다른 방법을 찾거나 포기해버린다. 실제로 개념형 아이가 "친구들이 나만 계속 술래 시켜!"라고 불평하면서도 술래라는 역할을 통해 그 놀이에서 색다른 재미를 느끼고 싶다는 기대를 갖는 경우를 자주 목격했다. 과거보다는 미래에 주목해 그 안에서 새로운 가치를 찾는 셈이다.

4부

부모와 아이의 뇌 궁합

최고의 양육 환경이란?

어떤 부모는 규칙을 너무 강조하고, 또 어떤 부모는 자신이 정한 규칙조차 잊고 뭐든지 알아서 하라고 한다. 그렇다면 두 부모 중 어떤 부모가 더 좋은 부모일까? 그 답은 아이마다 다르다. 어떤 아이는 규칙을 알려주지 않는 부모가 너무 불안하고, 또 다른 아이는 규칙이 답답하다. 전자인 아이처럼 어린 시절을 겪은 부모는 규칙을 잡아주는 부모가 제역할을 한다고 평가할 것이고, 후자인 아이처럼 어린 시절을 겪은 부모는 사람은 자발적으로 할 때 가장 좋은 결과가 나올 수 있다고 아이를 그대로 놔두라고 한다. 그런데 사실 이 질문에 정답은 없다. 이런 예는 양육의 과정에서 너무나 많이 목격된다.

평생 규칙과는 담을 쌓고 산 우리 어머니는 오남매를 양육하면서도 규칙이 없었다. 그러다 보니 타이밍과 순발력이 생존에 가장 중요한 요소였다. 맛있는 음식도 타이밍을 맞추지 못하면 얻어먹지 못했고, 아무리 약속을 해도 새로이 발생하는 다른 일로 깨지는 일이 다반사였다. 그래서 난 늘 불안했고, 규칙이 어긋난 일에 대해 남다른 분노를 가지면서 컸다.

지금 생각해보면 어머니의 DNA 영향으로 난 상당히 창의적이고 아이디어가 많은 개념적 뇌의 유형을 가지고 있음에도 불구하고 고지식하고 융통성 없는 아이로 자란 것 같다. 즉, 충분히 보호될 수 없었던 양육 환경에서 생겨난 불안 때문에 나의 본질적인 강점이 묻힌 채 나에게 가장 취약한 특성을 부여잡고 살아야 했던 것이다. 그러니 늘 긴장도가 높았고, 위축되었다. 자신의 약점을 가장 주된 특성으로 살아야 하는 사람의 어려움은 온 몸과 태도, 행동으로 나타날 수밖에 없었던 것이다. 그러나 같은 형제 중 원래 특성이 체계형이었던 내 동생은 어머니의 이러한 양육에 자신의 기질을 잘 살려 그 타이밍을 기가 막히게 맞추고, 자기 것을 먼저 챙기는 등 자신의 강점을 잘 발휘해서 어렸을 때부터 자기 관리가 잘 되고 사회적 센스가 뛰어난 사람으로 자라났다.

이처럼 똑같은 환경이지만 아이의 특성에 따라 그 환경을 받아들이는 태도도 다르고, 반응하는 행동양상도 다르며 그에 따라 그 아이의 자존감과 성격도 달라진다. 그렇다면 우리에게 최적의 환경은 무엇일까? 내 이름을 내가 불리고 싶은 이름으로 불러주고 그것에 가치를 부여해주는 환경, 바로 그것이 나의 고유함이 세상에 발휘되게 하는 핵심 코드가 아닐까?

나는 어떤 뇌 선호 유형을 가진 부모일까?

앞서 우리는 아이의 뇌 선호 유형에 따른 특성을 알아보았다. 부모의 뇌 선호 유형도 유사하다. 자신이 네 가지 유형 중 어디에 속하는지 체크하면서 이번 장에서는 부모로서 나는 어떻게 행동하고 양육하는지에 대해 생각해보도록 하자. 가장 먼저 부모의 뇌 선호 유형이 양육 현장에서 어떻게 다르게 연출되는지 다음의 사례를 살펴보도록 하자.

어느 날 담임 선생님에게 아이가 학교에서 큰 사고를 쳐서 다른 아이를 다치게 했다는 연락을 받았다. 당신이라면 어떻게 할 것인가?

물론 누구나 가장 처음 일어나는 반응과 감정은 당혹스러움, 걱정 등일 것이다. 하지만 시간이 조금 지나면 각 선호 유형에 따라 다르게 반응하게 된다. 왜냐하면 뇌 선호 유형은 외부에서 어떤 자극이 들어왔을 때 중요하게 생각하는 것이나 초점을 두는 방향이 다르기 때문이다.

먼저 분석적 뇌(추상적 좌뇌) 선호 유형의 부모는 어떻게 반응할까? 이들은 아마도 정확한 사실을 가장 먼저 알고 싶을 것이다. 그래서 전화기 너머의 선생님에게 "어떻게 된 일인지 구체적으로 말씀해주실 수 있을까요?"라는 질문을 가장 먼저 할 수도 있다. 그들은 정확한 사실을 알아야 시시비비를 가릴 수 있다는 생각이 가장 중요한 것이다. 그러나 구체적 좌뇌의 체계형은 '얼마나 다쳤을까? 어떻게 해야 하지? 처벌받는 것은 아냐?' 등의 실재적이고 구체적으로 대처해야 하는 사안들이 주마등처럼 스쳐가면서 선생님에게 엄청난 질문을 쏟아내 자신의 불안을 표현할 수도 있을 것이다. 사회적 뇌(구체적 우뇌) 선호 유형의 부모들은 일단 다른 아이가 다쳤다는 것과 현재 우리 아이의 상태 등이 가장 먼저 걱정될 수 있다. 특히 지금 학교에서 곤혹스러울 아이의 마음과 다친 아이의 상태 등이 가장 중요한 초점일 수 있다. 그래서 "아이들은 괜찮나요? 많이 다치진 않았을까요? 우리 아이는 어떻게 하고 있어요?" 등의 질문이 가장 먼저 나올 수 있다. 개념적 뇌(추상적 우뇌) 선호 유형은 분석형처럼 이 문제 전체를 들여다보려고 노력하기 위해 이 사건을 정확하게 알고 싶어하겠지만, 그 사건 자체의 사실보다는 현재 각자 사람들의 관점이 어떤지가 더 궁금하고, 어쩌면 이 일이 그렇게 중요한 사안이 아니라고 생각할지도 모른다. '아이들이 크다 보면 그럴 수도 있지. 별일도 아닌데 왜 이렇게 호들갑을 떨지?'와 같은 생각을 한다면 개념적 뇌 선호 유형을 가졌을 확률이 높다. 그렇다면 좀 더 자세히 각 뇌 선호 유형별 부모의 특징에 대해 알아보자.

분석적 유형의 부모

분석형 부모의 가장 큰 특징은 이성적 사고를 한다는 점이다. 따라서 근거 없이 혼내거나 칭찬하는 일은 거의 없다. 아이에게 무엇이든 정확한 본질과 핵심에 근거하여 설명하고, 납득할 수 있도록 돕는다. 더불어 함께 무엇인가를 탐구하고 우선순위나 체계를 잡아주는 일에 능하다. 또한 그들은 자신에게 중요하지 않더라도 양육에 필요하고 중요한 일이라고 인식되면 그에 맞는 가장 효과적인 방법으로 자신에게 적용하고 실천

하려고 노력할 수 있다. 아이의 행동을 분석함에 있어서도 당장의 결과보다는 아이의 의도나 평소 패턴 등을 떠올리면서 좀 더 깊게 이해할 수 있는 능력이 있고, 아이와의 관계에서 관조적이거나 객관적인 태도를 유지하기 쉽다. 아이의 문제에 대해서도 분석적이거나 개념적인 뇌, 즉 추상적인 뇌 선호 유형을 가진 부모들은 아이의 행동 하나하나에 반응하지 않는다. 대신 아이의 행동의 전체 패턴을 보면서 어떻게 개입해야 할 것인가를 충분히 고민하고 행동한다. 분석형 부모의 이런 태도는 아이에게 공감과 신뢰를 얻으며 아이가 자신을 인정받는다고 느끼게 할 수 있다. 즉, 분석형 부모의 강점은 이들이 가진 객관성과 전략적 사고 등이다.

만약 아버지가 분석형이고 어머니가 체계형이면 평소에 옳다고 생각하는 것이나 거슬리는 일 등이 비슷하면서도 뭔가 맞지 않는 것이 있다고 느낄 수 있다. 분석형인 아버지는 아이의 작은 잘못이나 실수 같은 것을 일일이 체크하고 훈육하는 것을 불편해하면서 아내에게 좀 적당히 넘어가라고 충고할 수도 있고, 아내는 아이와 함께 있는 시간이 적어 그렇게 말할 수 있는 거라며 섭섭함을 표할 수도 있다. 그래서 아빠는 작은 문제를 그냥 넘어가지 않는 엄마가 답답해 보이고(실제로 자신의 일에도 아이의 문제와 같이 하나하나 따지는 부인에 대한 감정도 포함되었을 가능성도 있다), 엄마는 자신만 따지는 사람, 혼내는 사람으로 만드는 남편이 못내 아쉬울 수 있다. 같은 문제를 보면서도 그 문제에 대해 해결하는 방식이 다르기 때문에 생기는 일이다.

한편 이 유형의 부모들은 정서적이지 않을 가능성이 많다. 실제로 이들은 아이의 문제 행동에 대해 객관적 논평을 쓰듯이 정확하게 말한다. 마치 육아서적의 대화를 실제에 옮겨놓은 것처럼 말이다. 그러나 그것이 육아서적에서 말하는 것처럼 효과를 가지지는 못한다. 왜일까? 감성이 부족해서다. 자신은 최선을 다한다고 하지만 그 애정을 표현할 때 자신을 움직이고 말하는 힘이 어디에서 나오는지 관찰해보라. 그것이 '옳음'이나 '책임'일까? 아니면 그 상황에서의 아이에 대한 '공감'과 '애정'일까?

어떤 분석형 부모는 이렇게 말한다. "아이의 눈높이에 맞추어 대응하는 것이 옳다고 생각했기 때문에 아이가 질릴 때까지 본인이 좋다고 하는 놀이를 함께 해주었어요. 이제 충분하다고 생각해요. 더 이상은 안 하기로 결정했어요" 이 사고의 프로세스에서 가장 중요한 가치는 무엇이었을까? 바로 '아이'가 아니라 '옳음'과 '책임'이었음을 알 수 있다. 이것이 분석형 부모를 잘 설명하는 핵심적 키워드다. 그러나 이 순간 분석형 부모는 생각해야 한다. 아이가 진심으로 원하는 것은 무엇일까라고 말이다.

오해하지 말자. 분석형 부모가 아이를 사랑하는 마음이 부족하다거나 아이에게 공감하지 못하는 냉담한 부모라는 뜻은 아니다. 다만 이들은 삶의 각 장면에서 자신의 행동을 결정짓는 사고의 중심이 바로 '올바른 것', '목표'일 가능성이 높다는 의미다.

그래서 이런 특성 때문에 분석형 부모들이 가장 힘들어하는 아이의 사고나 행동패턴은 한 번 설명해주었는데도 제대로 이해하지 못하는 모습이다. 이들은 같은 말을 여러 번 반복하는 것을 정말 힘들어한다. '이해'가 이들에게 중요한 코드인 만큼 상대가 '이해'하지 못하는 태도를 보이는 것을 이해하지 못하는 것이다. 특히 타인이 감정을 제어하지 못하고 비이성적으로 행동하는 일에 분노한다. 당연히 아이들이 본능적으로 행동하는 것, 감정을 제어하지 못하고 마음대로 해버리는 행동 등이 이들에게 어떻게 보이겠는가? 극심한 스트레스를 느끼고 분노하게 된다. 만약 이들이 이 부분을 수용하는 태도를 보인다면 이는 진정으로 올바른 육아를 하기 위해서 본질적으로 아이를 이해하려고 애쓰며 인내하는 것이다.

분석형 부모의 특징

양육의 강점: 객관성, 논리성, 정확한 분석력과 전략적 지도.

양육에서 보완할 점: 아이에게 정서적으로 교감하는 것.

양육에서 중요하게 생각하는 가치: 옳고 바르게 하는 것.

부모로서의 성장코드: 생각하지 말고 그저 즐겁게 상호작용하라!

체계적 유형의 부모

이들은 분석형 부모에 비해 상당히 세세하게 아이에게 개입할 수 있다. 아이의 말 한마디, 행동 하나마다 자세히 들여다보고 정리하는 특성이 있기 때문에 아이에게 필요한 것이 무엇인지 아주 사소한 것까지 파악하여 도와줄 수 있다. 특히 이들은 아이의 올바른 습관 형성에 크게 기여할 수 있고, 생활 지능을 높여줄 수 있다. 쉽게 말해 신발 끈 묶기 하나도 일일이 가이드를 주면서 아이가 온전히 그것을 성취할 때까지 지켜볼 수 있는 인내와 끈기가 있다. 구체적인 규칙이 중요한 사람이기 때문에 실제 생활에서도 좋은 모델링이 될 수 있을 뿐 아니라 어떻게 하면 제대로 배울 수 있는지에 대해 스스로 잘 알고 있기 때문이다. 그래서 이들의 부모로서의 강점은 규칙성과 안정성, 세밀함 등이라고 할 수 있다.

반면 단점은 지나친 잔소리다. 부모라는 존재는 원래 아이에게 잔소리를 많이 할 수밖에 없는데, 체계적 유형의 부모들은 아이의 일거수일투족을 관찰하고 그 안에서 규칙을 세워야 한다고 생각하기 때문에 다른 유형의 부모보다 잔소리가 더 많을 수밖에 없다.

더불어 잔소리를 하는 만큼 부모 스스로의 걱정과 근심 또한 늘어나게 된다. 알다시피 아이들이 커가는 과정에서 판단하고 사고하고 선택해야 할 일이 얼마나 많은가? 이때 체계적 뇌를 가진 부모는 너무나 많은 선택지 앞에서 고민하고, 그 결과에 대해 의심과 불안도 높다. 그래서 이들에게는 충분한 정보가 심리적인 버팀목이 되어준다. 이들은 최대한 많은 정보를 모으려고 하고, 그 정보를 충분히 검토하고 비교, 평가한다. 어린이집 하나를 선택하는 일도 이들에게는 너무나 큰일이다. 선택권 안에 있는 어린이집의 정보와 학부모 평가 등 여러 가지 조건들을 모두 고려해야 하기 때문이다. 그래서 체계적 유형의 부모들은 어떤 선택을 할 때 시간이 많이 걸린다. 세심하게 모든 것을 검토하기 때문에 벌어지는 당연한 결과다.

체계형 부모가 제일 이해하지 못하는 아이들의 행동 중 하나는 똑같은 실수를 반복하는 것이다. 이들은 지금 현재의 즐거움이 미래의 어떤 불이익도 초월할 수 있다는 우뇌형들의 사고를 절대로 이해하지 못한다. 그래서 현재만을 인식하는 아이들에게 쉴 새 없이 강조한다. 미래에 즐겁게 살고 싶다면 계속 준비하고 또 준비하라고!

또 하나, 이들이 참을 수 없는 것은 약속을 지키지 않는 것이다. 이들에게 약속을 했다는 것은 단순히 지켜야 한다는 것 이상을 의미한다. 체계형 부모에게 약속은 곧 규칙이며, 규칙은 무슨 일이 있어도 반드시 지켜져야 함을 뜻하기 때문이다. 즉, 지키지 못할 약속은 하지 않는 편이 낫다고 생각한다. 그러니 아이들이 약속을 어겼을 때 얼마나 화가 나겠는가? 심지어 약속을 어기는 일들이 반복되면 이들은 상대를 전혀 신뢰하지 않는다. 따라서 자녀들과의 관계에서도 약속은 중요한 쟁점이 되고 아이들이 그 약속을 지키게 하기 위해 사전 개입을 하려고 시도한다. 그리고 부모의 이런 의도는 아쉽게도 간섭이나 참견, 잔소리로 표현된다.

그렇다면 아이들의 입장에서는 이런 체계형 부모가 어떤 존재일까? 체계형 부모와 사는 아이들이 주로 하는 말은 "그러면 혼나요" 혹은 "말해봤자 안 돼요"다. 체계형 부모 밑에서 자란 아이들은 이미 정해놓은 부모의 규칙에 의해 수동적으로 순응할 때 가장 편안한 상태라고 느낄 수 있다. 개념형의 몇몇 아이들은 부모와의 약속을 무시하는 경우도 생긴다. 어차피 지키지도 못할 것이라 생각하기 때문에 포기하는 것이다. 그런데 아이러니하게도 체계형 부모는 아이들의 이런 태도를 자기를 수용하지 않는 반항이라 생각하는 동시에 자신이 무시당했다고 느끼기 쉽다. 왜냐하면 자신은 가르치면 가르쳐준 대로 살아온 사람들이기 때문이다. 그래서 아이들은 잔소리와 규칙의 기준으로 자신을 억압하는 부모가 무섭다고 느끼고, 부모는 온 가족이 자신에 대해 통제받지 않으려는 태도가 안타깝고 서운할 수 있다.

체계형 부모의 특징

양육의 강점: 구체적 가이드, 섬세함과 세밀함, 규칙과 질서에 대한 좋은 모델.

양육에서 보완할 점: 아이의 고유한 방식을 존중할 것.

양육에서 중요하게 생각하는 가치: 책임과 지도.

부모로서의 성장코드: 아이가 스스로 알아서 할 것임을 믿어라!

사회적 유형의 부모

사회적 유형의 부모들은 누구보다 아이의 정서를 잘 이해하고 민감하게 반응한다. 또 아이의 마음을 누구보다 잘 이해하고 그것을 함께 공감하며 배려해준다. 아이는 이러한 부모에게 따뜻함과 배려를 배운다. 사회성이 발달한 이 유형의 부모는 타인과의 친밀감을 높이거나 그들과 사교하는 기술 등에 대해 아이들의 좋은 모델링이 될 뿐 아니라 아이가 사회적 집단 안에서 교류할 수 있는 좋은 환경을 제공할 수 있다. 더불어 이들은 아이와 함께 놀고 즐기는 것을 진심으로 즐기기 때문에 일방적으로 가르치는 부모, 훈육하는 부모가 아니라 친구 같은 부모로 느껴질 수 있다. 이들은 기본적으로 아이들과 함께 지내는 것이 너무 즐겁고 행복하다. 원래 관계가 중요한 이들인데 하물며 자녀와의 관계에는 얼마나 더 신경을 쓰겠는가? 당연히 아이들도 이런 부모와 노는 것을 행복하게 느낀다. '놀아주는 사람'과 '함께 노는 사람'의 차이를 아이들은 너무도 잘 알기 때문이다.

이 유형의 부모들은 공감과 배려, 정서적 이해도가 높다. 이것은 이들의 강력한 강점이다. 아이들의 마음을 진심으로 이해하고 그 마음에 감정이입이 잘 되기 때문에 아이들은 부모를 따뜻한 존재로 느낀다.

분석적 유형의 부모가 양육에 있어서 '옳음', '책임'을 중요시했다면 이들은 '애정', '즐거움'이 핵심 키워드다. 반면 아이들을 향해 훈육하는 데는 어려움을 느끼기도 한다. 아이들이 "엄마, 한 번만 하면 안 될까?", "이것만 하고 할게. 한 번만 봐줘", "다른 애들은 다 하는데 나만 못해서 속상해"라고 말하며 힘든 감정을 쏟아내면 감정이입이 되어 자신 안의 규칙이 무너지고 아이들 마음에 휘둘리기 일쑤다. 심한 경우 아이들이 느끼는 것보다 더 과장된 감정을 느끼기도 한다. 실제로 어떤 아이는 "우리 엄마가 너무 속상해해서 말을 안 했어요"라고 하면서 자기 감정보다 엄마를 먼저 살피는 모습을 본 적이 있다. 이 경우 아이가 부모에게 정서적 의존을 하는 것이 아니라 역으로 부모가 아이에게 정서적 의존을 하는 상황이 발생하는 것이다.

여기에 체계적 뇌 선호 유형과 사회적 뇌 선호 유형을 모두 가지고 있는 부모인 경우에는 감정과 규칙 모두가 고려되어야 해서 자신 안에 혼란과 갈등이 더 심해 육아 스트레스를 남들보다 더 많이 느낄 수 있다. 특히 이들은 아이들이 반항하거나 자기 마음대로 하는 경우 정서적으로 큰 타격을 받는다. 아이들은 자라나는 과정에서 자기 중심적 성향이 강하고 자신이라는 존재를 확인하기 위해 어렸을 때는 고집으로, 조금 커서는 논쟁이나 반항으로 자신의 혼란된 감정을 표현할 수 있다. 이는 관계의 문제라기보다는 개인의 감정 조절 문제일 수 있다. 그러나 상대가 주는 자극이 지극히 중요한 사회적 유형의 부모는 이러한 모습을 감당하기 힘들어하거나 자신에 대한 공격이나 자극으로 받아들여 지나치게 걱정하거나 상처받는 모습을 많이 본다. 이때 과도하게 감정에 매몰되기보다는 객관적 관점을 가져야 아이에게 적절한 도움이 될 수 있다.

사회형 부모의 특징

양육의 강점: 공감과 배려, 즐거움.

양육에서 보완할 점: 훈육의 일관성, 자율성의 경계.

양육에서 중요하게 생각하는 가치: 안정된 정서, 좋은 관계.

부모로서의 성장코드: 아이는 독립되길 원한다.

개념적 유형의 부모

이들은 틀에 매이지 않고 창조적이며 상상적이다. 양육에 있어서도 이런 특성이 그대로 드러나는데, 다른 부모들은 눈여겨 보지 않는 아이의 특별한 점을 발견해 개발한다든가, 틀이나 규격, 보편성 등에 크게 구애받지 않고 아이의 자발적인 활동을 격려하고 지지할 수도 있다. 아이에게 큰 비전을 그려줄 수도 있고, 생활에서는 생각지도 못한 옵션이나 대안을 제공함으로써 아이가 보다 넓게 사고하거나 행동할 수 있도록 도울 수도 있다. 즉, 아이를 큰 틀에서 다양하고 자발적으로 키워내고 항상 가능성의 관점에서 아이를 대할 수 있다는 것이 이들 부모의 강점이다.

개념적 유형의 부모는 네 살짜리 아이가 백지에 그은 낙서 한 줄에서도 우리 아이가 미래의 피카소가 될지도 모른다는 가능성과 비전을 볼지도 모른다. 특히 사회적 뇌 선호와 함께 개념적 뇌 선호를 쓰고 있는 부모라면 아이들이 즐거워할 만한 새로운 도전을 적극적으로 권유하며, 아이가 다양한 경험을 쌓을 수 있도록 상당한 노력을 기울일 것이다. 아이들과 여행을 갈 때도 분석형이나 체계형 부모들은 '무엇을 더 배우게 할까?'에 초점을 둔다면 이들은 '어떤 새로운 경험을 시켜 즐겁게 해줄까?'를 신경 쓴다.

그런데 이 개념적 뇌를 가진 부모들은 디테일한 부분에 신경을 쓰기가 어려울 뿐 아니라, 자기 관심사가 중요한 사람들이라 아이들의 관심, 정서, 욕구 등을 세세하게 살피는 데 소홀할 수 있다. 또한 자신에게 특정한 관심사가 생기면 거기에 몰입할 가능성이 커 아이에게 일관된 양육 환경을 제공하기 어려울 수도 있다.

이들은 분석형 부모와 마찬가지로 세세한 잔소리나 지나친 간섭을 하지 않는다. 아이들이 일상에서 겪는 문제가 별일 아니라고 생각하기 때문이다. 따라서 자칫 방임형 부모로 비춰지기도 쉽다. 만약 이런 격차가 심해진다면 아이에게 혼란을 가져올 수 있는데, 어느 순간 너무나 정서적으로 친밀하게 다가오던 부모가 또 어느 순간에는 다른 일에 정신이 팔려서 자기에게 소홀해진다면 그런 상황을 받아들이기 어려울 뿐 아니라 마음의 상처로 남을 수도 있다.

또한 이 유형의 부모는 분석형 부모와 마찬가지로 한 번 말하면 아이가 알아들을 거라고 착각하는 경향이 크다. 그래서 아이에게 시간을 들여 충분히 설명하지 않는다. 자신이 직관적이라 아이들도 추론을 잘할 거라고 생각하지만 이는 명백한 오산이다. 아이들은 자신과 같은 뇌 유형을 사용하지 않고 있을 뿐 아니라, 태어나서 맞이하는 모든 '처음'을 부모와 함께하고 있기 때문이다.

개념형 부모의 특징

양육의 강점: 상상과 비전, 가능성의 확대.

양육에서 보완할 점: 일관성과 지속성.

양육에서 중요하게 생각하는 가치: 도전, 확장

부모로서의 성장코드: 아이는 안정되고 일관된 관심을 원한다.

뇌 선호 유형과 상관없이 모든 부모들이 잊어서는 안 되는 사실이 하나 있다. 바로 자신의 아이를 세상 속으로 이끌 사람은 부모라는 것이다. 따라서 자신의 기질과 아이의 기질을 제대로 이해하고 이를 양육에 활용할 때, 아이와 부모 모두 행복해질 수 있다.

나와 아이의 뇌 궁합, 어떻게 맞출까?

뇌 선호 유형을 공부하는 목적은 서로의 관계 속에서 어떤 역동성을 가지고 상대의 강점을 이끌어 내주느냐에 있다. 즉, 나의 특성과 타인의 특성이 어떻게 맞물리느냐에 따라 아주 특별한 상황이나 관계가 만들어지는 것이다. 아주 간단한 예로, 내가 평소 말이 많은 편일지라도 더욱 말 많은 사람을 만나면 상대적으로 나는 말이 별로 없는 사람으로 인식되는 것과 같은 현상은 관계역동에서만 설명될 수 있다. 단순히 상대의 특징을 아는 데서 그치지 않고 이 역동까지 이해될 때 서로가 존중받는 인간관계의 해법을 찾을 수 있다.

일반적으로 관계역동을 이해할 때 가장 중요한 것은 첫째, 나를 알고, 둘째, 상대를 알고, 셋째, 각자의 다름이 서로에게 어떻게 받아들여지느냐를 아는 것이다. 특히, 부모와 아이의 관계는 수평적이지 않다. 그래서 서로가 상대에게 주는 영향력은 상당한 차이가 있을 수 있다. 그래서 이 관계에서 어떤 식의 역동이 존재하는지, 내 아이의 강점을 어떻게 이끌어낼지 각각의 뇌 선호 유형의 조합을 통해 알아보자.

"지키자" 부모 vs "즐기자" 아이

"네가 알아서 해" 부모 vs "정해줘" 아이

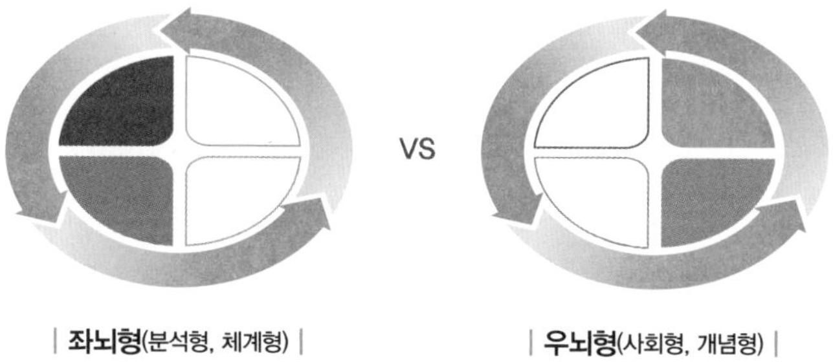

> "그렇게 하지 말라고 했지? 엄마가 몇 번 이야기하니?"(좌뇌형 부모)
>
> "우리 엄마 아빠는 잔소리가 너무 많아요. 무서워요."(우뇌형 아이)

보통 좌뇌는 이성적, 우뇌는 감성적이라고 알고 있다. 이러한 특성들이 양육의 관점에서 적용된다면 어떤 일이 생길까?

좌뇌형 부모는 양육도 틀이 잘 잡혀 있어야 한다. 규칙을 설정하면 지켜야 하고, 아이의 행동도 예측 가능하기를 원한다. 따라서 이들 부모는 일일이 설명하고 가이드를 주며 자꾸 가르치는 양육을 하기 쉽다. 그런데 우뇌형의 아이들은 자유롭고 감성적이며 그때그때의 느낌에 따라 행동하기 쉬우므로 좌뇌형 부모가 보았을 때는 불안하고 어설픈 느낌이 든다. 그래서 위의 예시처럼 윽박지를 가능성이 높다. 하지만 그럴수록 우뇌형의 아이들은 부모의 말을 그저 잔소리로 인식할 뿐이다. 그런데 여기서 더 아이러니한 일은 우뇌형의 아이들은 부모가 무섭지만 자기가 하고 싶은 일들을 그냥 한다는 점이다. 실제로 혼날 줄 알면서도 또 하는 이유가 무엇이냐고 우뇌 아이들에게 묻자 그들은 이렇게 말한다. "그래도 하고 싶으니까요", "얘기하면 무조건 안 된다고 해요." 한마디로 혼날 땐 혼나더라도 당장 자신이 원하는 것을 하고 싶다는 이야기다.

그래서 형제를 키우더라도 한 명이 좌뇌형이고 다른 한 명이 우뇌형이면 같은 자극에도 다른 반응을 보인다. 좌뇌형의 아이는 마음대로 하는 우뇌형 형제가 불안하다. "또 혼나려고 그래?" 그들도 하고 싶지만 혼날 것이 뻔히 예측되기 때문에 참고 있다는 뜻이다. 이런 상황에 우뇌형 형제들이 마음대로 행동하면 부러움과 두려운 마음이 동시에 들면서 결국 화를 내게 된다. 우뇌형 형제 때문에 자신까지 혼나는 것이 억울하다는 의미도 담겨 있을 것이다. 하지만 이 대목에서 중요한 지점이 있다. 우뇌형들은 혼내는 부모가 무섭지 않은 것이 아니다. 다만 자신이 하고자 하는 일에 대한 호기심과 욕구가 꾸지람을 듣는 것보다 더 강할 뿐이다. 그래서 아이가 말을 듣지 않는다고 더 무섭게 다그치면 우뇌형 아이들은 행동을 바꾸는 대신 입을 다물고, 자기만의 세계로 들어가고 만다.

언젠가 좌뇌형 부모를 둔 우뇌형 아이를 만난 적이 있다. 그 아이가 늘 하는 말은 세상이 자신을 이해하지 못한다는 것이다. 자신의 흥미, 관심, 호기심 등이 자신의 의도와 다르게 말썽부리기나 쓸데 없는 일 벌이기 등으로 치부되는 상황에서 아이는 얼마나 억울하겠는가!

그렇다면 부모의 입장은 어떠할까? 좌뇌형 부모는 우뇌형 아이의 모든 행동이 믿음직스럽지 못하고 걱정된다. 별 생각도 계획도 없어 보이는 아이가 안타깝기도 하고 화가 나기도 한다. 더군다나 정해준 대로 하지도 않고, 자주 잊어버리고, 딴 세상에 사는 것처럼 현실성도 떨어지니 성에 찰 리가 없다. 이런 마음 때문에 좌뇌형 부모, 특히 분석형 부모는 아이에게 생각 좀 하면서 행동하라는 핀잔을 주기 쉽고, 체계형 부모는 더 강한 규칙을 내놓으며 아이를 통제하려고 든다.

좌뇌형 부모와 우뇌형 아이의 대화

부모: 너 오늘 공부할 것 다 끝냈니?

아이: 아니.

부모: 그동안 뭐했는데?

아이: 브롤 스타즈 캐릭터 그렸는데?

부모: 그래, 상상도 좋고, 만화 그리는 것도 좋은데 오늘 해야 할 것은 다하고 해야지.

아이: (건성으로) 알았어요.

부모: 알았다고 하면서 또 그러고 있어?

아이: 알았어요. 내가 알아서 한다고요. 근데 엄마, 4차 세계대전은 일어날까요?

위의 조합과 반대로 부모와 아이의 뇌 선호 유형이 바뀌면 어떨까?

> "우리 아이는 너무 고지식해서 걱정이에요. 요즘은 창의성이 경쟁력이라는데 저렇게 고지식해서 어쩌죠?"(우뇌형 부모)
> "우리 엄마, 아빠는 약속을 잘 안 지켜요. 맨날 잊어버렸대요."(좌뇌형 아이)

자유롭고 창의적인 것을 원하며 다양한 경험을 중시하는 부모는 아이가 답답하고 고지식하게 느껴질 수 있다. 물론 부모의 말에 순종하는 아이다 보니 키우면서 수월하게 느껴지고, 한편으로는 신뢰가 가기도 하지만 틀에 갇혀 있는 듯한 모습을 볼 때마다 답답하기만 하다. 그저 한 번 시도해보면 좋을 법한 일에도 늘 준비하고 생각하고 실수를 두려워하는 아이를 보면 안타깝기도 하다. 반면 꼼꼼한 아이가 자신이 미처 알아차리지 못하고 넘어간 일을 짚어주면 안정감을 느낄 수도 있다. 그런 부모를 좌뇌형 아이들은 어떤 눈으로 보고 있을까? 어디로 튈지 모르고 기분도 급변하는 부모가 이 아이들이 보기에는 다소 불안정하게 느껴질 수도 있고, 일관성이 없어서 혼란을 느끼기도 한다. 분명히 어제는 A라고 말했는데 오늘은 B라고 하는 부모를 보면서 불안하기도 하고 짜증스럽기도 하다.

물론 자신과 놀아줄 때는 미처 생각하지 못했던 기발한 방식으로 웃음을 주기도 하고, 일상생활에서 이벤트나 행사도 자주 계획해 재미있는 아빠, 즐거운 엄마로 인식할 때가 많을 것이다. 하지만 서로 다른 특성때문에 부모 입장에서는 뭘 해도 자꾸 따지고 시무룩해하는 아이를 보며 욕구 불만으로 받아들일 수도 있고, 아이는 자신이 원하지 않는 일을 무리하게 제안하는 부모가 부담스러울 수 있다.

나와 내 딸은 전형적인 우뇌형 부모와 좌뇌형 아이의 조합이다. 장을 보러 가도 나는 '뭐가 맛있을까? 새로 나온 것은 없나?' 하며 주위를 살핀다면, 딸아이는 이 물건이 얼마나 필요한지, 또 얼마나 효과가 좋은지, 가격은 합리적인지를 기준으로 물건을 구입한다. 딸은 내게 가격과 양을 비교해가면서 사라고 조언하고, 나는 어차피 다 거기서 거기인데 일일이 따지는 건 피곤하고 에너지 낭비라고 대꾸한다. 틈만 나면 여행을 가자는 나와는 달리 그 여행이 왜 필요하며, 꼭 가야 하는가를 따지는 딸. 나는 그런 딸이 답답하면서 나의 행동에 대해 평가받는 기분이 들고 딸은 계산 없이 행동하는 엄마를 이해할 수 없어 한다. 그래서 주변에서는 엄마와 딸이 바뀐 것 같다는 소리도 많이 들었다.

딸아이가 어릴 때도 이런 일은 많아서 나는 다양한 장난감을 가지고 놀면 재미있을 거 같아 이것저것 권해보았지만 딸은 자기가 관심 있어 하는 것 하나에 애정을 쏟으며 그것을 오래 붙들고 노는 것을 좋아했다. 하다못해 뷔페를 가도 나는 거기에 있는 모든 음식의 맛이 궁금해 들락날락거리지만 우리 딸은 자신이 좋아하는 종류로만 골라와 자신의 양에 맞게 먹고는 숟가락을 놓아 나를 안타깝게 했다. 이런 식으로 우뇌형 부모와 좌뇌형 아이는 세상의 기준과 가치, 그에 따르는 행동양상이 다르게 나타난다.

좌뇌형 아이와 우뇌형 부모의 대화

아이: 엄마가 칭찬스티커 열 개 모으면 장난감 사준다고 했잖아요.

엄마: 그랬지, 모으면 되잖아.

아이: 근데 어제도, 그제도 안 붙여줬어.

엄마: 그랬나? 잊어버렸네. 그런데 그걸 대체 하루에 몇 번이나 물어보는 거야? 그런 것 따지지 말고 잘하면 되잖아. 잘하면 엄마가 장난감 사준다니까.

> 아이: 엄마는 왜 약속을 정해놓고 매일 잊어버려? 저번에도 다섯 개
> 까지 붙이고 흐지부지 다 잊어버렸잖아. 장난감도 안 사주고!

"넓게 봐" 부모 vs "하나라도 놓치면 안 돼" 아이
"꼼꼼하게" 부모와 "대충해도 돼" 아이

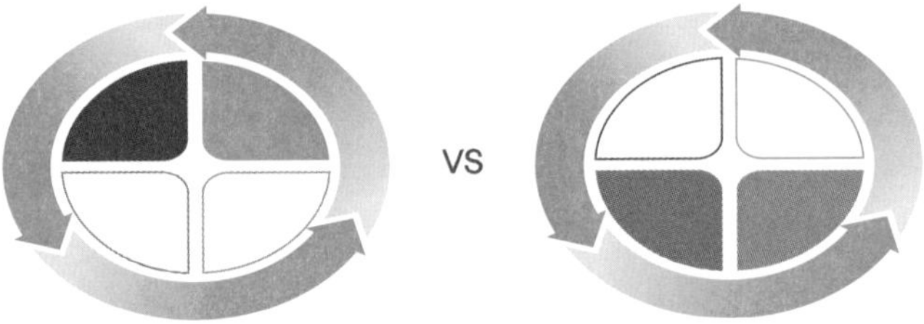

| **추상형**(분석형, 개념형) | | **구체형**(체계형, 사회형) |

1장에서 설명했듯이 이머제네틱스 도형(원)의 윗부분을 차지하고 있는 뇌의 유형 즉, 분석적 유형과 개념적 유형은 추상적 뇌의 특성을, 아래 부분을 차지하고 있는 체계적 뇌와 사회적 뇌는 구체적 뇌의 특성을 가지고 있다. 추상적 뇌는 큰 그림, 구체적 그림은 세부적인 그림을 그린다. 그렇다면 이에 따라 발

생하는 부모-자녀 관계는 어떨까?

> "그렇게 많이 설명했는데도 또 질문을 해요. 정말 난 우리 아이는 못 가르치겠어요."(추상형 부모)
>
> "설명도 제대로 안 해주고 자꾸 하라고 해요."(구체형 아이)

추상적 뇌 유형의 부모와 구체적 뇌 유형 아이의 특징을 정확하게 보여주는 대화다. 추상적 뇌 유형의 부모는 핵심을 이해하면 다 알았다고 생각하는 사람들이다. 원리와 본질을 파악하면 그 이후 파생되는 자잘한 방법론은 진행하면서 알아가면 된다고 생각하기 때문에 아이에게도 핵심적 원리만 설명한다. 이는 학습에서만 나타나는 현상이 아니다. 일상에서 아이들에게 무언가를 가르치거나 설명할 때 간략하게 핵심만을 이야기하는 성향이 커서 구체적 뇌 선호 유형의 아이들이 이해하지 못하고 질문을 하면 너무나 답답하다.

내가 만난 추상적 뇌의 부모들은 주로 이런 말을 한다. "두 번까지는 참겠는데 세 번째 물어보면 화가 나요"라고 말이다. 이들은 '반복'이라는 불필요한 에너지를 쓰고 싶지 않은 데다 분명히 설명했는데도 이해하지 못하는 그 사실 자체를 이해하지 못한다. 그러나 구체적 뇌 선호 유형의 아이들 입장에서는 어떨까? 이들은 손에 만져지고 충분히 느껴지고, 머리에서 아주 세세한 부분까지 빈칸이 메워져야 그 개념을 이해했다고 믿는데, 처음 알려주는 사실에 대해 키워드만 제시하는 부모의 말을 어떻게 받아들일 수 있겠는가? 질문을 하고 싶지만 부모의 눈치를 보느라 입도 열지 못한 채 점점 더 위축된다. 추상적 뇌 선호 유형의 부모들은 기억해야 한다. 구체적 뇌 선호 유형인 당신의 아이들은 정말 자세하게 하나하나 실험하고 경험하면서 개념을 익히고 싶어 하고, 그 개념이 다 익혀질 때까지는 무수한 질문을 쏟아내야 한다는 것을 말이다. 이를 위해서 그의 질문이 수백 개라도 받아주어야 한다는 수용력, 그것이 추상적 뇌 선호 유형의 부모들에게 절대적으로 필요한 일이다.

그렇다면 반대의 조합은 어떨까?

"도대체 필기를 안 해요. 수학 문제조차도 눈으로 푸는데 그게 가능하기나 해요?"(구체형 부모)

"내가 알아서 하고 있는데 자꾸 참견하면서 시켜요. 별로 중요하지도 않은 일인데 말이에요. 정말 짜증나요."(추상형 아이)

이미 각각의 특성을 알고 있으니 짐작되겠지만 구체적 뇌 선호 유형의 부모는 기본적으로 추상적 뇌 선호 유형의 아이를 이해하기 어렵다. 부모가 보기에 학습을 시키면 빨리 습득하고 뭘 말하는지 알아차리는 아이가 신기하기도 하고 대견하기도 하지만 도대체 그 좋은 머리를 두고 왜 세심한 노력을 하지 않는지 답답하기도 하고 걱정이 되기도 한다. 말을 걸어도 특별히 반응을 보이지 않는 데다 표정 변화도 거의 없으니 대체 내 말을 듣고 있기는 한 건지 의심스럽기까지 하다.

반면 아이 입장에서는 부모가 하는 얘기도 다 들었고, 말하고자 하는 요지가 무엇인지도 다 아는데 왜 자꾸 잔소리를 하는지 이해할 수가 없다. "내가 다 되었다고 말하는데 왜 부모는 믿어주지 않고 날 이렇게 피곤하게 하지?"라고 생각하는 것이다. 하지만 이 말조차 입 밖으로 내뱉지 않고 짧은 짜증 정도로 자신의 마음을 대신한다. 그러나 그러면 그럴수록 구체적 뇌 선호 유형의 부모는 도대체 아이가 무엇을 생각하고 있는지 알 수 없어 걱정되기만 할 뿐이다. 이들이 서로를 이해하지 못하면 이 차이는 점점 커지고 추상적 뇌 선호 유형의 아이는 어느 순간 아주 가벼운 일상 이야기 외에는 부모와 나누려 하지 않을 것이다. 그러므로 구체적 뇌 선호 유형의 부모는 마음속에 일어나고 있는 질문 열 개에 대한 욕구를 누르고 이를 아우를 수 있는 하나의 질문으로 바꾸어 아이에게 전달해야 한다. 이때 필요한 것이 기다림이다. 자신 안에 일어나고 있는 많은 질문들을 요약하고 정리해서 상대에게 강력하게 질문할 수 있는 시간과 공감을 기다리는 일, 그것이 구체적 뇌 선호 유형의 부모에게 가장 요구되는 일이다.

추상형 부모와 구체형 아이의 대화

아이: 아빠가 약속 안 지켜서 나도 이번 주 공부는 안 할 거야.

아빠: 그게 무슨 말이야?

아이: 아빠가 공부하면 게임기 사준다고 했는데 안 사주잖아. 그러니까 나도 안 한다고.

아빠: 네가 공부하는 게 게임기를 가지기 위해서야? 그러면 더욱 사줄 수 없어. 네가 공부하는 목적이 뭐야?

추상형 아이와 구체형 부모의 대화

엄마: 이번 성적표는 엄마한테 왜 안 보여줘?

아이: 지난번과 다를 게 없어서요.

엄마: 지난번과 똑같다고 안 보여줘? 성적표는 매번 보여줘야지.

아이: 똑같은데 뭐 하러 일일이 보려고 해요?

'자유롭게 해주고 싶은" 부모와 "가이드가 받고 싶은" 아이
"해야 하는" 일이 중요한 부모와 "하고 싶은" 것이 중요한 아이

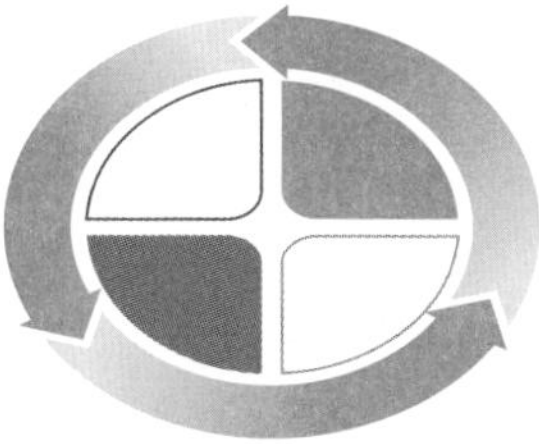

| 추상형 우뇌(개념형) VS 구체적 좌뇌(체계형) |

> "정말 느리고 불필요한 것에 집착해서 큰 걸 못 봐요. 혹시 우리 아이 머리가 나쁜 것은 아닐까요?"(개념형 부모)
>
> "우리 엄마 아빠는 나한테 관심이 없어요."(체계형 아이)

뇌 선호 유형으로만 본다면 가장 대극적인 조합으로 실제로 이 조합의 가족들이 상담실에 찾아오는 경우가 많다. 아이가 어릴 때는 큰 문제 없이 지내다가 학교에 입학할 나이쯤 되면 갑자기 불안해진 추상적 우뇌(개념형) 부모가 상담실로 아이를 데리고 와서는 몇 번을 설명해도 잘 이해하지 못하고 학습 속도로 느린 것 같아 걱정이라고 털어놓는다. 구체적 좌뇌(체계형) 아이들은 우리가 이미 학습한 바와 같이 예측하지 못하는 일에 자주 직면해서 불안해하기도 하고, 선택하는 것을 어려워하기도 하고, 또 어떤 아이들은 자주 징징거리며 의존하기도 하는 양상을 보일 수 있다. 아직 자신이 예측할 수 없는, 즉 경험하지 못한 세상이 많아서다. 그들은 경험을 통해 축적된 데이터가 세상을 살아나가는 힘이기 때문에 일정한 양만큼의 시간이 필요한데, 생물학적 연령에서 요구되는 과제와 이 시간이 항상 맞아떨어지는 것은 아니기 때문이다.

구체적 좌뇌(체계형) 아이에게는 데이터를 축적할 세심한 양육이 필요한데, 목표와 의미가 정해지면 프로세스는 그다지 중요하지 않다고 생각하는 추상적 우뇌(개념형) 부모는 이를 제공하기가 어렵다. 한 가지 일이 익숙해지기 위해서는 열 번 이상의 실험장소가 필요한 것이 이 아이들임을 잊지 말고, 반복, 또 반복할 수 있도록 도와주어야 한다. 만약 이런 과정이 수반되지 않으면 아이는 부모를 신뢰하지 않거나 자신에게 관심이 없다고 느낄 수 있다.

> "도대체 무슨 생각을 하는지 알 수가 없어요. 야무지지 못한 데다 매일 공상만 하고 있으니 정말 당황스러워요."(체계형 부모)
>
> "내가 재미있어하는 것에는 관심도 없고, 맨날 뭘 하라고만 해요."(개념형 아이)

아이를 키우다 보면 당연히 수많은 걱정과 고민에 맞닥뜨리지만 특히 구체적 좌뇌(체계형) 부모들은 그 정도가 다른 유형에 비해 특히 높다. 그런 부모의 마음을 아는지 모르는지 추상적 우뇌(개념형) 아이들은 얼핏 아무 생각이 없는 것처럼 보인다. 그렇다 보니 구체적 좌뇌(체계형) 부모의 마음은 더욱 바빠지는 것이다. 이 조합의 부모와 아이의 경우 대화를 나누는 데서 어려움을 겪을 수 있는데 아주 운이 좋아서 부모와 아이가 관심 있는 영역이 비슷하다면 다행이지만 그렇지 않은 경우 부모는 소통에 문제가 있다고 생각하기 쉽다. 실제로 아이가 공상과학에 대해 이야기한다거나, 자신이 좋아하는 만화책 이야기를 늘어놓을 때 개념형 아이는 상대를 신경 쓰지 않고 자신의 관심사만 줄기차게 이야기하는 경향이 있다. 그래서 부모의 반응과 상관없이 장황하게 이야기를 하고, 부모는 처음에는 인내하지만 시간이 갈수록 지겹고 힘들어진다. 그러니 함께 교감하는 일이 쉽지 않을 수 있다.

또 다른 어려움으로는 창의적이고 직관적인 아이의 강점을 부모인 자신이 살려주지 못하는 것은 아닌가 하는 자책에 빠질 수도 있다. 특히 아이가 어린 경우 자신과 닮지 않은 성향의 아이를 보면서 내가 이 아이를 잘 키울 수 있을까라는 고민에 빠지는 부모가 적지 않다. 그러나 크게 걱정할 필요가 없다. 추상적 우뇌(개념형)에게 가장 취약한 점인 규칙 제대로 지키기, 정해진 대로 하기 등에서 본보기가 되는 부모는 인생에서 아이의 가장 중요한 멘토가 될 수 있기 때문이다.

아이의 입장에서 부모를 볼 때는 신뢰가 가고 안정적이기는 하지만, 너무 규칙이 많아서 버겁다. 매일 따져야 하는 것도, 지켜야 하는 것도 너무 많은 부모를 이해할 수 없을 뿐더러 자신이 매일 잘못하는 느낌이 들기도 한다. 실제로 이 상황에서 자존감이 떨어지는 아이들이 있다. 왜냐하면 늘 자신을 '혼나는 아이'로 인식하기 때문이다. 이 조합의 경우에 부모가 반드시 생각해야 할 것은 개념형 아이들은 자신이 특별하다고 칭찬받고 자신이 하는 일에 진심으로 호기심을 가져줄 때 자존감이 올라간다는 사실이다. 열 가지 잘못하는 것보다 한 가지 잘하는 것에 초점을 두고 대화하는 것이 이 조합에서 가장 필요한 일이다.

개념형 부모와 체계형 아이의 대화

부모: 우리 이번 여행 가서 뭐 할까?

아이: 아무거나.

부모: 네가 좋은 것을 말해야지. 어디 가고 싶어? 수영은 어때?

아이: 그것도 나쁘지 않고.

(여행지에 도착 후)

부모: 여기 새로 실내 승마장이 생겼대. 우리 승마해볼까?

아이: 수영한다고 하지 않았어?

부모: 근데 승마장이 생겼잖아. 그것도 한 번 해보고 싶지 않아?

아이: 어차피 마음대로 할 거 뭐 하러 물어봤어? 엄마 마음대로 바꿀 거면서.

체계형 부모와 개념형 아이의 대화

부모: 울산바위까지 가기로 했으니 어서 가자.

아이: 싫어, 여기 개울가 너무 좋아! 난 물고기랑 놀다 갈 거야.

부모: 이미 충분히 놀았잖아. 여기 올 때 울산바위까지 가보기로 약속했으니 가야지.

아이: 울산바위까지 가면 뭐 하는데? 재미있게 놀려고 온 거잖아. 난 여기가 재미있다고!

부모: 그래도 가보기로 했고, 처음 왔으니 한 번 가보자! 응?

아이: (울면서) 싫어! 내가 왜 거길 가야 해, 왜!

"생각해봐" 부모와 "느낌이 더 중요해요" 아이
"따뜻한 감성" 부모와 "냉철한 이성" 아이

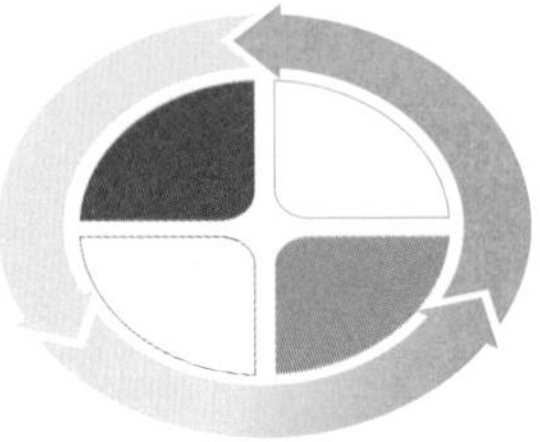

| 추상형 좌뇌(분석형) VS 구체적 우뇌(사회형) |

> "정말 사랑스럽긴 한데 생각하는 힘이 너무 약해요. 자기 힘으로 하는 것도 없는 것 같고요."(분석형 부모)
>
> "엄마는 내가 사랑하냐고 물어보는 것을 좋아하지 않아요."(사회형 아이)

추상적 좌뇌(분석형) 부모는 아이가 얼마나 합리적이고 전략적으로 생각하는가에 관심을 둔다. 그렇다 보니 목적 없이 움직이는 아이가 걱정스럽고 이해할 수도 없다. 질문을 하면 찬찬히 생각해서 대답하는 게 아니라 즉흥적으로 답하거나 잘 모르겠다고만 하는 태도도 못마땅하다.

추상적 좌뇌(분석형) 부모가 구체적 우뇌 아이와 놀이하는 상황을 떠올려보자. 구체적 우뇌 아이는 "아빠, 이것 좀 해주세요"

라고 요구한다. 그러나 추상적 좌뇌(분석형) 부모는 자신에게 의존하는 아이를 이해하지 못한 채 "네가 생각해봐. 아빠가 어떻게 하라고 가르쳐줬지?" 하고 다그칠지도 모른다. 그러나 이런 부모를 보는 아이의 마음은 어떨까? "우리 아빠(엄마)는 내 마음을 몰라줘요. 나를 싫어하나 봐요"라고 생각하면서 부모의 눈치를 살피고 있을지도 모른다. 상담 현장에서 추상적 좌뇌(분석형) 부모에게 "아이의 마음을 더 알아주셔야 할 것 같아요"라고 말하면 "어떻게 더 감정을 알아주어야 하나요? 저는 최선을 다하고 있는데요. 더군다나 저는 자잘한 일에 잔소리도 하지 않습니다. 대체적으로 모두 받아주고, 하지 말아야 하는 것만 정확하게 알려주는 편이에요"라고 답한다. 그러나 그것은 온전히 부모의 입장에서 하는 말이지, 아이의 입장과는 다르다. 구체적 우뇌(사회형) 아이들은 진심인지 아닌지, 얼마나 정서성이 포함되어 있는지 아닌지를 잘 구분한다. 부모가 머리가 아닌 가슴으로 자신을 얼마나 이해하고 수용하는지에 관해 구체적 우뇌(사회형) 아이들은 너무 빨리 간파해버리는 것이다. 실제로 우리 상담실에 찾아온 다섯 살짜리 구체적 우뇌(사회형)인 아이는 부모의 이러한 태도(올바르게 하려고 하지만 진짜 관심은 없어 보이는)에 대항하여 관심을 끌기 위해 두 살짜리 아기나 할 법한 행동을 보이기도 했다. 그만큼 구체적 우뇌(사회형) 아이들에게 필요한 것은 자신을 온 몸과 가슴으로 안아주는 것이기 때문이다.

> "아이가 감성이 메마른 것 같아서 걱정이에요. 요즘은 인간관계가 정말 중요하잖아요. 너무 냉소적이고 공감 능력이 떨어지는 것 같은데 사회생활을 잘 할 수 있을까요?"(사회형 부모)
> "학교에서 있었던 일을 말하기 겁나요. 우리 엄마가 더 흥분하거든요."(분석형 아이)

반대로 구체적 우뇌(사회형) 부모가 추상적 좌뇌(분석형) 아이를 보면 어떨까? 다른 사람의 신경을 많이 쓰는 구체적 우뇌(사회형) 부모는 사람에게 관심이 없는 추상적 좌뇌(분석형) 아이가 항상 걱정이 된다. 늘 상대의 기분을 살피는 부모는 아이의 무표정한 얼굴에도 자꾸 신경이 쓰여 화가 났는지, 불만이 있는지 눈치를 살피게 되는 것이다. 어린 시기를 벗어나면 아이의 한 마디가 아주 묵직하고 예리하게 가슴에 꽂히는 일도 자주 경험하게 된다. 한창 잔소리를 하고 있는데 "그래서 엄마가 말하고 싶은 게 뭐예요?"라는 질문으로 기가 막히게 할 때도 있고, "그런 행동은 다시 안 하기로 한다고 엊그제 들은 것 같은데요." 등 상대의 입장을 전혀 고려하지 않는 도전적인 말을 서

승없이 내뱉기도 한다. 이럴 때면 차라리 다른 아이들처럼 떼를 쓰거나 울면 나을 텐데라는 기분이 들기도 한다. "어떻게 나한테 저렇게 말할 수가 있지? 저 아이는 날 너무 싫어하는 거 아냐? 우리의 관계에 어떤 문제라도 있는 걸까?" 등을 걱정하며 아이의 정서적 맥락보다는 자신과 아이의 관계를 살피며 전전긍긍한다. 당연히 구체적 우뇌(사회형) 부모 입장에서는 추상적 좌뇌(분석형) 아이가 거만하고 예의 없으며 다른 사람의 상황이라고는 전혀 살피지 못하는 인조인간 같아 보이지 않겠는가?

실제로 이 전형적인 모습을 보여주는 모녀가 있었다. 한창 사춘기에 접어든 딸이 거친 말투를 사용한다고 느낀 엄마가 "그런 말은 쓰면 안 돼. 특히 어른에게는"이라고 했을 때 딸은 "욕은 해도 되는데 어른에게는 특히 쓰면 안 된다는 건가요? 왜죠?"라고 맞받아쳐서 나에게 상담을 의뢰하신 적이 있다. 아마도 이 딸은 자신이 질문한 그 내용에 대해 논쟁하고 싶다기보다는 엄마에게 생긴 짜증과 화를 논리적 방어의 방법으로 표현했을 것이다. 이렇게 추상적 좌뇌(분석형) 아이들은 상당히 객관적이고 이성적인 측면에 가치를 두기 때문에 직접적으로 감정을 표현하기보다는 자신만의 논리를 가지고 그 안에 감정을 숨겨두는 경우가 많다. 그런데 이미 그 말에 기가 질린 상대는 자꾸 그가 방패막이로 사용하는 논리에만 국한해 몰아붙이게 되고 의도나 해결점과는 아주 거리가 먼 상태로 갈등만 유발하기 쉽다. "엄마의 지적에 기분이 안 좋았나 보구나. 웬만하면 너에게 들을 수 없는 말이다 보니 엄마도 당황했어. 무슨 일 있었니?" 등으로 감정을 묻는 것이 아이들과 대화의 물꼬를 트는 확실한 방법이다. 다시 말하면 이들은 자신에게 있는 감정조차도 논리로 이야기하려고 한다는 것을 이해해야 한다.

그것을 이해하면 이들과 소통하는 일이 쉬워진다. 아이의 표정이 그들의 마음속을 표현한다고 생각하지 마라. 그들은 자신의 감정을 숨기는 데 천재적이기 때문에 표면적인 반응에 상처받지 말고 아이가 숨기고 있는 감정을 잘 들여다보아라. 그러면 아이는 부모를 따뜻하고 친절하며 자상한 부모로 존경하게 될 것이다.

사회형 부모와 분석형 아이의 대화

아이: 왜 공원에 있는 강아지 똥을 엄마가 치워요?

엄마: 우리 강아지 똥 치우는 김에 보이니까 치워준 거지.

아이: 그 강아지 똥은 그 보호자가 치우겠지, 왜 엄마가 그것까지 신경 써요?

엄마: 우리 이웃의 일을 좀 도와주는 건데 그 정도는 할 수 있잖아.

아이: 왜 그렇게까지 해야 하는 건지 이해가 안 돼요. 착한 아이 콤플렉스인 거 아니에요?

엄마: 그런 것도 알아?

아이: 그 사람들 일은 그 사람이 책임지는 게 맞다고 생각해요.

분석형 부모와 사회형 아이의 대화

부모: 그 친구가 계속 널 때리면 무시해버려. 그러면 이런 일이 안 일어나잖아.

아이: 어떻게 무시해? 자꾸 따라다니면서 때린다고.

부모: 근데 그 친구는 너를 왜 때리는 것 같아? 너만 때려?

아이: 그렇다니까!

부모: 왜 너만 때리는 것 같아? 너만 때린다면 무슨 이유가 있겠지?

아이: 엄만 도대체 누구 편이야?

강점 시너지 높이기

이제 우리에게 남은 과제는 나와 다른 내 아이, 즉 내 가족이 어떻게 잘 살아갈 것인가 하는 것이다. 뇌 유형 검사를 하면서 사람들이 가장 궁금해하는 것은 내 유형과 잘 맞는 유형은 무엇이고 어떤 유형이 맞지 않는가 등이었다. 그런데 사실 어떤 유형과 어떤 유형이 잘 맞고 안 맞고는 존재하지 않는다. 유형 간의 궁합보다는 내가 어떤 사람이고, 상대를 어떻게 받아들이는가가 관계의 핵심이기 때문이다. 즉, 내가 먼저 나의 강점을 잘 알고 활용하여 건강성이 높은 사람이 되고, 그 건강성으로 상대의 특성을 얼마나 있는 그대로 받아들일 수 있는가, 더 나아가서 나에게는 없는 그의 특성을 어떻게 나의 자원으로 활용할 수 있는가가 중요하다. 바로 그것이 시너지 높이기다. 부부관계, 부모 자녀 관계에서도 마찬가지다.

서로 다른 선호 유형 간 시너지 높이기

현아 엄마는 아이가 둘이다. 첫째 현아는 시키면 시키는 대로 곧잘하고 엄마 마음도 알아주는 모범생인 데다 곰살맞게 엄마와 대화도 잘 나눈다. 그에 비해 둘째 민아는 무뚝뚝한 데다, 한 가지 사안에 대해 두 번만 물어봐도 "저번에 말해줬잖아!" 하면서 빈축을 주기 일쑤다. 아이들의 생활이 항상 궁금하고 꼼꼼하게 체크해야 한다고 생각하는 현아 엄마는 이런 민아가 이해도 안 되고 거리감이 느껴지는 것도 사실이다. 무엇을 더 잘해줘야 아이가 좀 더 곁을 줄지 항상 고민이다. 이번 방학에도 민아가 그녀의 심기를 어지럽히는 일이 있었다. 학원 등록 문제였는데 언니는 학원을 하나만 다니면 되는데 자기는 왜 두 곳을 다니게 하냐며 항의를 한 것이다. "왜 나만 많이 다녀야 해? 언니는 하나만 다니고 난 왜 두 곳을 다녀야 하냐고? 왜, 왜, 왜!" 현아 엄마는 민아의 따지는 듯한 말투도 신경이 거슬릴 뿐만 아니라 사소한 것 하나도 넘어가지 않고 번번이 자신에게 항의하는 민아가 무슨 문제를 갖고 있는 것은 아닌지 염려스럽다. 이제는 민아와 대화하는 일이 스트레스로 다가올 정도다.

이제 각각 뇌 선호 유형의 특징을 잘 알게 된 여러분들은 왜 이런 갈등이 생기는지 이미 잘 파악하고 있을 것이라 생각한다. 현아 엄마는 체계적이고 사회적인 뇌 선호 유형이다. 따라서 아이들의 일거수일투족을 도와주고 그 안에서 일어나는 감정 변화에 주목하는 편이다. 다행히 큰딸 현아는 자신의 뇌 선호 유형과 동일한 특성을 가지고 있어서 잘 맞는다고 느끼지만, 분석형인 둘째 민아는 정서나 대화법, 생각하는 방식이 모두 달라 온전히 이해하기 어렵다.

부모는 자식의 모든 것을 수용해야 마땅하다고 생각하기 쉽다. 만약 그게 잘 안 되고 있다고 느낀다면 이때 부모가 갖는 감정은 어떠할까? 분노, 좌절감, 불안, 죄책감 등의 복합적인 감정은 분명 부모를 혼란스럽게 만들 것이며, 이는 부모 역할을 하는 데 상당한 걸림돌이자 장애물로 작용한다. 그러나 사실 강점의 관점에서 보면 이렇게 서로 다른 선호 유형을 갖는다는 것은 아이의 성장과 발달에 상당히 좋은 영향을 끼칠 수 있다. 단, 이를 정확하게 이해하고 수용할 때 말이다.

어떤 프로젝트를 수행할 때 체계적이고 사회적인 뇌를 사용하는 사람만 있다면 그들은 자신들이 할 수 있는 일보다 더 큰 비전을 세우는 일에 소홀할 수 있고, 여러 사안을 객관적인 눈으로 판단하고 놓여진 과제에 대해 집중과 삭제를 하는 판단이 어려울 수도 있다(체계적이고 사회적인 뇌를 가진 사람들은 아무리 사소한 일이라도 결정하는 데 어려움을 가질 수도 있기 때문이다). 이런 면에서 민아는 언니와 엄마의 약점을 강점으로 가지고 있다. 이 집이 하나의 팀이라고 한다면, 민아는 객관적이고 통합적인 눈으로 언니와 엄마에게 문제의식을 심어주기도 하고(엄마나 언니가 가지지 못한 자질이다), 집중해야 할 것에 주목할 수 있도록 해주기도 한다. 어려운 문제에 봉착했을 때 어디서부터 해결해야 할지 전략을 내오기도 하고, 그 신뢰가 엄마나 언니의 판단이나 결정하는 의지에 영향을 주기도 할 것이다.

시너지란 바로 이런 게 아닐까? 서로가 가진 강점을 격려하고 인정하면서 그 사안에 맞게 자신들의 강점을 적절하게 활용하는 것 말이다.

이 가족이 시너지를 내기 위해서는 세세하게 무언가를 보고하고, 감정을 잘 알아주지 못하는 서운함을 민아에게 표현하기보다는 하나의 일에서도 더 깊고 더 넓게 보려는 강점을 칭찬하면서 목적의식을 갖는 민아의 의도를 알아주는 것이 훨씬 좋은 방법이다. 그러면 민아는 분명 가족이 어떤 고민을 하고 있을 때나 무언가를 결정하려고 할 때 자신이 갖고 있는 분석적 강점을 바탕으로 좀 더 효과적이고 효율적인 방식을 조언해주면서 서로의 유대감과 신뢰를 쌓는 일에 자신의 에너지를 쓸 것이다. 또한 어머니나 언니가 갖고 있는 정서적인 영향력도 더 크게 받아 보다 친절하게 자신의 의견을 표현하는 방법도 배우게 될 것이다.

"왜 학원에 나만 더 많이 가야 해?"라는 물음에 "또 저런 식이야!"라는 짜증보다는 "그래, 이 학원이 왜 필요한지 우리 같이 생각해볼까?"라고 답하면서 자녀와 함께 대화를 통해 좋은 해결책을 찾고자 하는 엄마의 마음까지 잘 전달한다면 민아와의 시너지는 최대로 높아질 것이다. 여기에 목표에 대한 보상과 인정까지 이어진다면 더욱 좋은 일이고 말이다.

이번에는 부부 사이의 에피소드를 보자. 사실 서로 다른 유형이어서 차이가 나는 것은 부모와 자녀에게서만 일어나는 일이 아니다. 부부끼리도 뇌 선호 유형이 달라서 생기는 문제가 상당히 많다.

미진이 아빠는 아내와 딸이 매일 자신을 보고 서운하다고 말하는 것이 이해가 안 된다. 육아서적도 읽고 고민도 하면서 합리적인 방식으로 대한다고 생각했는데 그들은 매번 서운하다고 한다. 도대체 어떻게 해야 그

서운함이 없어진단 말인가? 그런 불평불만을 들을 때면 너무 화가 난다. 자신은 가족들에게 무리한 요구도 하지 않고 불공평하거나 불합리한 일을 벌이지도 않는데 정말 도대체 이해할 수가 없다.

이쯤 되면 미진이 아빠가 어떤 뇌 선호 유형을 갖고 있는지 짐작할 수 있을 것이다. '이해'가 중요한 분석형 아빠는 '공감'이나 '감정표현' 등에는 에너지를 충분히 쏟지 못했을 것이다. 그러나 사회적 뇌 선호를 갖고 있는 미진이 엄마 입장에서는 의무적으로 책임만 가지고 임하는 미진이 아빠의 딱딱한 태도가 전혀 자신에게 와 닿지 않았을 것이다.

아이러니하겠지만 아마도 이들이 연애를 할 때는 엄마는 자기와 달리 냉철하고 분석적이며 객관적인 남자친구가 아주 든든하고 믿음직스러웠을 것이고, 아빠는 다정하고 따뜻한 미진이 엄마가 자신을 풍요롭게 만들어주는 사랑스러운 사람이라고 생각했을 것이다.

서로 대극에 있다는 것은 '내게 없는 것을 채워준다'는 뜻도 함께 갖고 있기 때문에 많은 남녀들이 이렇게 다른 뇌 선호 유형의 이성에게 끌린다. 그러나 처음에 가졌던 좋은 감정은 사라지고 시간이 흐를수록 나와 달라 맞지 않고 극복하기 힘든 부분이라고 여기게 된다. 특히 아이를 낳고 기르면서 서로 다른 뇌 성향을 가진 부모들의 갈등이 고조되는 경우가 많은데, 이를 단점이 아닌, 시너지 자원으로 활용하게 된다면 뜻밖의 효과를 거둘 수 있다. 따뜻한 엄마이지만 아이에게 과하게 몰입할 때 브레이크를 걸어줄 수 있는 아빠, 아이가 좋아하는 상호작용의 방법을 온 몸으로 모델링해주는 엄마, 냉철한 질문으로 아이의 인식력을 높여주는 아빠, 풍성한 감정 표현으로 아이의 정서 능력을 향상시켜주는 엄마 등 자신이 가진 강점을 최대한 활용하고 상대는 그 방법을 존중하는 태도를 아이에게 보여준다면 이보다 이상적인 부모 역할을 할 수 있는 조합이 또 어디에 있겠는가? '다름'을 '자원'으로 볼 때 이는 가능해진다.

서로 같은 유형의 시너지 높이기

선우 아빠는 중학교에 입학한 선우에게 큰 비전을 가질 수 있도록 도와주고 싶다. 목표가 있어야 의지가 생기고 의지가 생겨야 생산성이 높아지는 것은 당연한 일이니 말이다. 그러나 선우는 목표나 미래에 대한 이야기만 하면 인상을 찡그리고 영 대화에 흥미를 갖지 못하는 듯하다. 선우 아빠가 보기에는 엄마가 시켜서 억지로 학원에 가고 공부를 하고, 틈만 나면 게임을 하는 선우가 아무 생각이 없어 보이고 심지어 한심해 보인다.

아이를 변화시키려면 목표 의식을 만들어주어야 할 것 같은데 아직 선우는 그런 마음의 준비가 되어 있지 못한 듯하다.

더군다나 선우는 다른 사람들은 특별히 관심을 갖지 않을 것 같은 이상하고 기괴한 것 등 현실적이지 못한 공상 세계에만 관심이 많다. 대화를 하다 보면 이 아이가 중학생이 맞나 싶은 의심도 든다. 요 며칠 새에는 제 3차 세계대전은 어떻게 될 것인가 하는 주제로 황당한 이야기만 늘어놓는다. 자신이 선우라면 그런 공상을 현실적으로 돌려서 4차 산업혁명시대에 나는 어떤 특별한 일을 할 것인가 등을 고민해볼 텐데 아이는 아직 만화영화 수준의 공상만을 하고 있으니 한심할 따름이다.

선우 아빠도 4차 산업혁명시대에 맞추어 빠른 흐름을 읽어가며 남들이 시도하지 않은 특별한 일들에 대한 관심이 많은 것을 보면 개념적인 뇌 선호 유형을 가지고 있고, 선우 역시 공상이나 새로운 것들에 관심을 가지고 있는 것을 보면 역시 개념적 뇌 선호 유형을 가지고 있다. 그럼에도 불구하고 왜 두 사람 사이에는 대화가 통하지 않고 갈등이 골이 깊어진 것일까? 이 같은 경우는 발달 시기에서 오는 차이 때문에 생기는 일이라고 볼 수 있다. 14세가 갖는 세상에 대한 관심과 사회생활의 경험과 생활인으로서의 책임과 의무가 장착된 40세의 관심은 상당히 다를 수밖에 없지 않은가.

연령의 차이가 있음에도 불구하고 이 아버지와 아들은 같은 선호 유형이기 때문에 다른 사람들은 어렵다고 포기하는 것을 가능성 있다고 생각할 수도 있고, 현실적인 어떤 문제를 상당히 새로운 차원으로 바라볼 수 있는 시각을 가지고 있다. 우리가 이미 배워왔듯이 개념적 뇌 유형의 사람들은 다른 사람이 '안 될 것 같은데' 하는 사안을 '해보면 재미있지 않을까?'로 생각하는 사람들이 아닌가?

만약 이 아버지가 같은 성향을 가진 아들의 진로를 돕고 싶다면 가장 먼저 아들의 흥미를 유발해야 한다. 선우가 좋아하는 만화영화나 전쟁 등에서 4차 산업혁명과 연관시킬 수 있는 주제를 이끌어내 함께 이야기하는 것이다. 체계적이나 분석적인 뇌 선호 유형이라면 이런 근거 없는 이야기를 함께하는 것이 고역이겠지만 개념적인 뇌 선호 유형의 아버지는 아이의 눈높이에서 가장 창의적인 이야기와 관점을 전환할 수 있는 질문으로 아이의 공상을 풍요롭게 하고 흥미 주제와 관련된 여러 가지 일들을 현재 발달하고 있는 인공지능 등과 결합시켜 더욱 크게 상상하게 만들고 그 안에서 자신이 할 일을 찾도록 도울 것이다. 아버지의 큰 비전이 아이의 상상력과 결합하여 흥미와 관심의 영역을 상당히 크게 넓힐 수도 있는 것이다.

우리 가족이 갖지 못한 선호 유형 보완하기

민영이네 집은 항상 고요하다. 각자 방에서 책을 읽든지, 민영이가 엄마 아빠에게 놀아달라고 요청해도 정해진 시간만큼만 보낸 뒤 각자 할 일로 돌아간다. 민영이가 어릴 때는 놀아주지 않는 부모에게 보채는 일이 잦았지만 초등학교 3학년이 되고 나니 혼자서 책을 보거나 그림을 그리는 일이 잦아졌다. 하지만 민영이 엄마는 이 고요한 집이 다소 불안하게 느껴진다. 민영이가 2학년 때 친구들과 잘 어울리지 못했던 기억이 자꾸만 떠오르기 때문이다. 다른 엄마들처럼 학부모 모임에 적극적으로 참여해서 민영이 친구를 만들어주고 교류도 하고 싶지만 그럴 용기가 나지 않는다. 한참 자라나는 민영이의 사회성을 고려할 때 자신과 남편의 조용하고 차분한 성격이 민영이에게 악영향을 주고 있는 건 아닌지 걱정스럽다.

민영이네 가족이 어떤 유형인지는 알 수 없지만 명확한 것은 세 식구 모두 다 사회적 뇌 선호 유형을 사용하는 사람이 없다는 점이다. 그렇다 보니 민영이 역시 집에서도 밖에서도 혼자 하는 활동에 익숙해지고 있는 실정이다. 그러나 민영이처럼 어린 시절에는 뇌 선호 유형과 관계없이 다른 아이들로부터 사랑과 인정을 받고 싶은 욕구도 크고, 기본적인 사회적 기술을 익힐 수 있는 경험과 기회도 필요하다. 민영이 엄마의 걱정이 그저 기우杞憂가 아니라 아이의 발달에 상당한 영향을 줄 수 있다는 뜻이다. 이런 경우 대부분의 부모들은 자신의 특성과 상관없이 무리한 일을 벌인다. 다양한 모임에 참여하고, 아이들이 모이는 곳이라면 어디든 데리고 다니려 노력하고, 학원이나 동아리 등에 많이 참여시켜 아이의 사회성을 키워주려고 애쓴다. 물론 이러한 노력은 나쁘지 않다. 그러나 기질과 기질이 아닌 것은 어떻게 다른가? 기질이면 수월하게 할 일인데 기질이 아닌 것을 무리하게 하면 항상 더 많은 무리수와 피로가 누적되지 않는가?

이럴 때 가장 현명한 일은 사회적인 뇌 선호 유형의 누군가를 절친으로 만드는 것이다. 그가 하는 사회적 활동 영역에 일부분만 함께해도 지금보다는 훨씬 만족한 사회활동을 할 수 있을 테니 말이다. 특히 민영이의 경우에는 쾌활한 성격의 친구와 가깝게 지내면서 그 친구의 사회적 기술이나 활동 등을 적절히 모델링할 수도 있을 것이고, 더불어 그 친구와 친한 다른 친구들과도 어울릴 수 있다. 즉, 나에게 없는 선호 유형의 사람을 나의 자원으로 사용하는 방법이다.

만약 이것이 가능해진다면 그 다음은 자기 자신을 있는 그대로 상대방에게 잘 설명하여 그가 나를 이해하도록 만들면 좋다. 보통 사회적 뇌 선호도가 낮은 사람은 다른 사람과 많이 어울려 자신을 노출하지는 않지만, 필요한 모임이나 관계는 소중히 여길 수 있다. 이러한 자신의 특성을 잘 설명한다면 더욱 신중하고 믿을 만한 사람으로 비추어질 수 있다.

위의 사례 속 민영이 엄마도 자신의 기질에 맞지 않는 학부모 모임에 참여해 스트레스를 받을 일이 아니라 자신이 함께할 수 있는 일과 그렇지 않은 일을 분명히 나눈 뒤 충분히 자신의 성향을 설명한다면 상대를 서운하게 하거나 오해받을 일을 만들지 않으면서도 원활한 관계를 유지할 수 있을 것이다.

이렇게 자신의 강점을 안다는 것은 자신의 약점을 고치거나 애써 노력하는 것이 아니라 강점을 강점답게 활용하여 약점을 보완하고 더 나아가 다른 사람과의 소통과 협력을 통해서 시너지를 발휘할 수 있도록 하는 것이다.

• | 코칭 tip | 실제 프로파일로 가족의 강점과 역동을 알아보는 방법 •

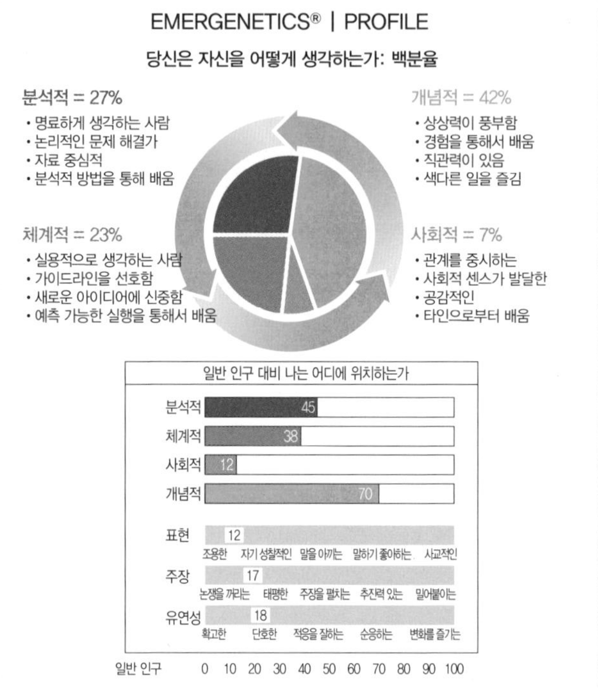

| 아버지 프로파일 |

- 아빠는 분석형, 체계형, 개념형에 선호가 있고 가장 주요하게 사용하는 특성은 개념형이다. 상대적으로 사회형에는 선호도가 없다.
- 행동 선호는 표현 1, 주장 1, 유연성 1이다.

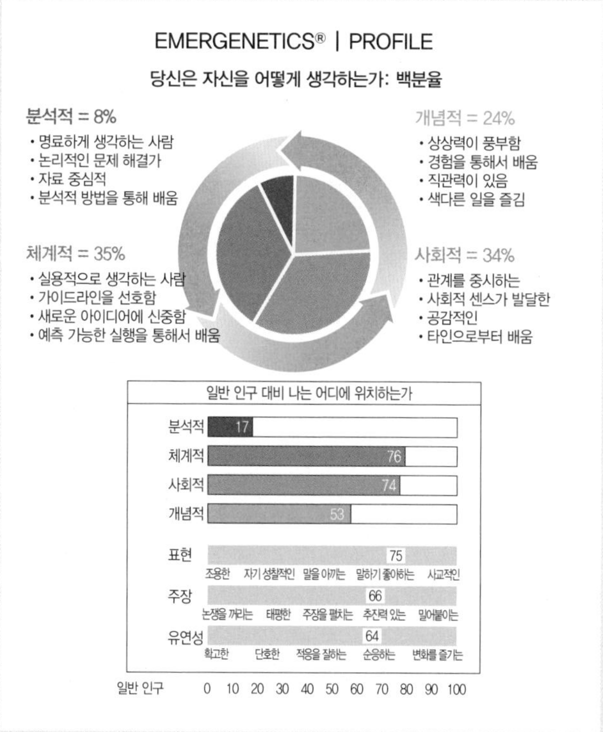

| 어머니 프로파일 |

- 엄마는 체계형, 사회형 개념형에 선호가 있고 가장 주요하게 사용하는 특성은 체계형이다. 상대적으로 분석형에는 선호도가 없다.
- 행동 선호는 표현 3, 주장 3, 유연성 3이다.

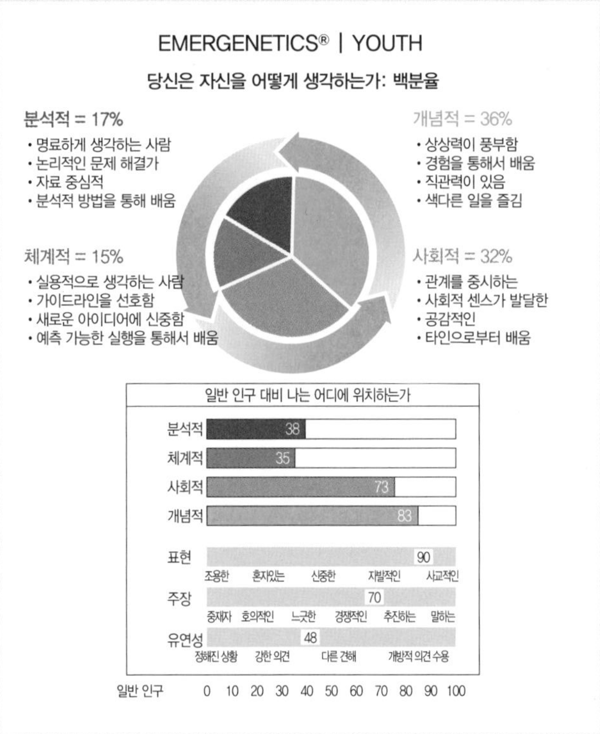

아이 프로파일

- 아이는 사회형, 개념형의 선호도가 높고 가장 주요하게 사용하는 특성은 개념형이다.
- 행동 선호는 표현 3, 주장 3, 유연성 2이다.

1. 현재 가족이 서로를 보는 관점

대체적으로 이 가족은 특별한 갈등 없이 잘 지내고 있고 특히 아빠가 아이의 눈높이에 맞추어 잘 놀아주고 요리 등을 통해 아이의 관심과 흥미를 키우는 활동 등을 원만히 하고 있다. 엄마와 아빠는 사소한 일도 대화를 통해 서로 의논하고 합의하여 결정하는 등 서로에 대한 이해의 폭이 넓고, 서로의 성장에 관심도 높다. 다만 아이가 다소 즉흥적으로 화를 잘 내고, 승부욕이 너무 강한 점, 원하는 것이나 하고 싶은 것이 있으면 참지 못하고 감정을 폭발하는 태도를 보여 부모 입장에서는 참을성이 너무 부족한 게 아닐까라는 우려를 갖고 있었다.

이 점에 있어 아이의 엄마는 아이의 행동이 아이의 무리한 요구를 모두 다 들어주는 아빠의 태도와 연관되어 있지 않은지 궁금해했다. 대체로 아이에 대한 훈육은 엄마의 몫인데, 평소에는 차분하게 대화를 통해 소통하지만 아이가 고집을 부리거나 무리한 요구를 하면 참지 못하고 감정적으로 행동하게 된다고 밝혔다. 그러나 의외로 아이는 엄마보다 아빠를 더 무서운 존재로 인식했는데, 혼나는 빈도는 아빠보다 엄마가 높지만, 한 번 화를 내면 불같은 아빠의 모습이 너무 무섭고 두렵다는 이유였다.

2. 프로파일에 이 가족이 고민하고 있는 이유가 들어 있을까?

이 가족의 공통점은 모두 개념적 선호가 있다는 점이다. 새로운 것에 대한 호기심, 시도, 특별한 일을 해보는 것 등에 대해서 가족 모두 개방성을 갖고 있기 때문에 함께 그것을 즐길 수 있는 역량을 가지고 있다. 아버지가 좌뇌적 성향(분석적, 체계적)임에도 불구하고 아이의 눈높이에 맞추어 놀아주고 아이의 호기심을 자극하는 여러 활동을 함께하는 것은 바로 개념적 성향을 갖고 있기 때문이다.

반면 아이는 전형적인 우뇌형으로 기발하고 즐겁고, 흥미로운 일에 열정이 많은 데다 행동 선호 유형에 표현과 주장도 다소 높아 집에서 아이의 목소리는 엄마와 아빠에 비해 훨씬 더 클 수 있다. 이 때문에 부모는 아이가 빨리 흥분하고 참을성이 부족하다고 느낄 수 있는 것이다. 또한 아빠는 표현이나 주장이 낮아 갈등도 싫어하고 필요할 때만 자기 목소리를 내고 있으니 평소에는 아이의 행동을 묵인하다가 결정적인 순간에만 자기 주장과 표현을 할 가능성이 크다. 더군다나 아빠는 유연성이 낮고 분석적 선호와 체계적 선호도 갖고 있어 자기 주관이 뚜렷한 스타일이다. 이를 누르고 맞추어주는 형태로 지내다 보니 자신의 주장을 나타낼 때는 과도하게 폭발적이라는 느낌을 타인에게 줄 수 있다. 사회적 선호가 있는 어머니 입장에서는 그런 아버지가 안쓰럽기도 어떤 때는 답답하다고도 느낄 수 있다.

3. 이 가족의 강점을 잘 활용할 수 있는 방법은 무엇일까?

먼저 이 가족의 공통점인 개념적 선호를 잘 사용하면 아주 큰 강점으로 활용할 수 있다. 새로운 것, 특별한 것, 도전하는 일에 대해 서로에게 지지와 격려를 받고 새로운 아이디어까지 함께 논의하여 더 확장할 수 있는 능력이 이들에게는 있는 셈이다. 다만, 아빠의 경우 본능적으로 놀이의 즐거움보다 아이를 잘 키우고자 하는 책임의 우선순위가 높기 때문에 아이의 과도한 욕구를 해소해주는 일이 조금 버거울 수 있다. 다행히 사회적 선호를 가장 많이 사용하고 있는 어머니가 아버지의 이런 마음과 태도를 진심으로 이해하면서 잘 공감해준다면 아버지는 힘이 날 것이고, 다소 감정적일 수 있는 어머니는 아버지의 분명한 원칙과 일관성, 객관성 등에 대해 안정감을 가질 수 있다. 놀랍게도 서로가 가장 상반되는 지점이 서로의 가장 주요하게 사용하는 강점이기에 이들 부부는 서로의 가장 좋은 멘토가 될 수 있는 것이다.

5부

우리 아이 그릇을 넓혀주는 강점 육아 기술

공부 습관을 잡아주는 강점 육아

얼마 전 유튜브에서 '미친 암기법'이란 이름의 영상을 보았다. 일본에서 꽤 유명한 방법인데 암기해야 하는 모든 것에 이미지를 만들고 그 이미지를 사진 찍듯이 머리에 각인시키는 방식이란다. 쉽게 말해 영어 단어를 외운다면 단어의 목록을 만들고 거기에 사물의 이미지를 접목시켜 통째로 외우는 것이다. 이러한 방식이 상당한 효과를 보았기에 많은 사람들의 입 소문을 타게 된 것이겠지만 좌뇌형(분석적 선호 유형이나 체계적 선호 유형) 아이들에게 이런 방법으로 암기하라고 한다면 접목시킬 이미지를 찾는 데 너무 많은 에너지를 써버려 이내 포기하고 말

것이다. 이렇듯 자신의 뇌가 좋아하는 방식을 찾는 것은 학습의 성과나 과정을 결정하는 데 아주 중요한 일이다.

그렇다면 우리 아이 뇌 선호 유형에 맞는 학습 전략은 어떤 것일까?

먼저, 분석적 뇌 선호 유형의 아이들은 아주 정확하고 간결한 논리를 좋아한다. 장황한 설명보다는 키워드가 중요한 아이들이니만큼 자신이 스스로 많은 내용을 요약하고 정리할 수 있도록 도와주는 방식으로 학습을 진행시켜야 한다.

책을 볼 때도 머리말, 서문 등에서 이 책을 읽어야 하는 필요성을 먼저 발견해야 이들은 동기를 가지고 그 책을 읽게 될 것이다. 또한 내용을 정리할 때도 세부 정보에 대해 자꾸 묻는 것보다는 마인드맵 같은 형태로 핵심을 뽑고 그 핵심에서 가지치기하도록 돕는 것이 좋다. 즉, 글보다는 도표나 차트, 그래프 등으로 핵심을 정리하는 기술을 발전시키는 것이다. 또한 텍스트에 나오지는 않지만 보다 깊게 고민하는 질문들은 이들의 뇌를 자극시키고 또 다른 지식에 대한 욕구를 불러올 것이다. 이것이 이후 학습의 토대가 된다.

또한 학습량은 항상 미리 정하고 그 약속은 정확하게 지키는 것이 좋다. 이들이 중요하게 생각하는 것은 공신력 있는 정보,

일관되게 지켜지는 약속 같은 것들이니 말이다. 또한 정확한 목표를 설정해주면 집중력 향상에도 도움이 된다. 아이의 수준에 맞는 목표를 설정하기 어렵다면 시간으로 정해도 괜찮다. 또 학습이 끝난 뒤에는 아이가 이룬 성취를 간결하게 칭찬하는 것이 좋다. 이들이 중요하게 생각하는 것은 목표를 이루었느냐, 그렇지 않느냐이기 때문이다.

만약 이 유형의 아이들이 학습을 하기 싫어한다면 그것은 그 학습을 왜 해야 하는지, 꼭 필요한 공부인지에 대한 확신이 없어서다. 아이가 책상 앞에 앉길 원한다면 대화를 통해 학습의 필요성부터 인지시키는 것이 좋다.

체계적 뇌 선호 유형의 아이들은 어떨까? 학습 내용을 요약, 정리하는 데 능한 것은 분석적 뇌 선호 유형의 아이들과 유사하지만 이들은 좀 더 세부적이고 자세한 정보를 원하고 또 그렇게 정리한다. 이 아이들을 학습시킬 때 가장 필요한 것은 흐름에서 벗어나서는 안 된다는 것이다. 그 흐름을 깨면 체계적 뇌 선호 유형 아이들은 아주 혼란스러워진다. 한 발 한 발 순서대로 가야 하는 것이 이들의 특성이기 때문에 계통과 질서를 잘 지켜야 하는 것이다. 또한 이들은 구체적 경험을 중요시하기 때문에 학습을 할 때 그 근거가 되는 문서, 교구, 체험할 수 있는 여러 교재 등이 구비되는 것이 좋다.

학습이 끝난 다음에는 아주 구체적 보상이 있어야 한다. 분석적 뇌 선호 유형과는 다르게 이들은 손으로 만지고 눈으로 보는 것이 아주 중요하다. 그래서 학습에 대한 보상도 실체가 뚜렷한 것이 좋다. 자신의 성과를 구체적으로 확인할 수 있음은 물론이고 보상의 정도가 이후 학습에 대한 기대감을 높여 긍정적 동기 요인으로 작동할 수 있기 때문이다.

그리고 가능하다면 학습을 하는 과정에서 잘한 점을 구체적으로 칭찬하는 것이 좋다. 이들은 자신이 알고 있는 현실적 개념을 중요하게 생각하는 특성을 갖고 있기에 자신이 들은 구체적인 칭찬을 잊지 않고 잘 기억해둔 뒤 필요할 때마다 리마인드하게 될 것이다.

다음으로 사회적 뇌 선호 유형을 알아보자. 이들은 학습을 할 때도 사람이나 관계를 중심에 둔다. 이들은 어쩌면 학습 그 자체보다는 누구와 어떻게 학습하는가가 더 중요할지도 모른다. 그래서 사회적 뇌 선호 유형의 아이들은 혼자보다는 같이, 그저 같이 하기보다는 내용을 함께 이야기하면서 학습할 때 가장 효과적이다. 두 사람씩 짝을 지어 한 사람이 선생님처럼 설명하고 나머지 사람이 배우는 방식은 어쩌면 이 사회적 뇌 선호 유형에 가장 적합한 방법일지도 모른다. 학습자와 관계가 좋고, 그가 감정을 알아주고 그 느낌을 실시간으로 표현해줄 때 아이는 공부에 흥미를 가질 것이다.

이들은 문서나 자료보다는 사람이 직접 말로 설명해주는 게 효과적이다. 그래서 이 아이들은 개인보다는 그룹을 지어 토론 형식으로 학습하는 게 도움이 된다. 다른 사람의 반응이나 피드백에 영향을 특별히 많이 받는 이 아이들은 소그룹 수업에서 더욱 적극적으로 참여하고 학습 의지를 드높일 수 있다.

학습 이후의 보상은 어떤 것이든 좋지만(칭찬을 유독 즐기는 아이들이므로) 그 어떤 보상이든 정서적인 표현을 충분히 함께 해주는 것이 좋다.

사회적 뇌 선호 유형과 마찬가지로 우뇌가 발달된 개념적 뇌 선호 유형의 아이들은 쉽게 지루해하고 자신이 관심 있는 영역과 그렇지 않은 영역에 대해 선호도가 분명하기 때문에 재미있어 하는 학습은 누구보다 빠른 속도로 잘 해내겠지만 그렇지 않은 과목에 대해서는 관심도 보이지 않기 십상이다. 그래서 이들의 뇌를 자극하기 위해서는 아주 새롭고 독특하며 이전에 경험해보지 않은 방법이 필요하다.

이 아이들 역시 분석적 뇌 선호 유형의 아이들처럼 개요와 목차를 파악하는 데 아주 빠르다. 또한 그런 얼개를 짜는 능력 또한 탁월하다. 다만 이들은 자기 기준에 맞추어 재구조화한 형태로 내용을 기억하고, 자기가 중요하다고 생각하는 정보가 정리되면 충분히 다 학습되었다고 믿는다. 자기만의 방식으로 요약하는 것이 중요하다는 의미다. 따라서 이미지나 상상적 은유를 학습도구로 활용하면 매우 효과적이다. 사회적 뇌 선호 유형이나 개념적 뇌 선호 유형의 아이들은 좌뇌형 아이들에 비해 필기하는 것을 엄청 싫어할 뿐더러 만약 한다고 하더라도 이들의 노트에는 남들은 제대로 독해할 수 없는 형태의 그림이나 색깔, 단어 등이 쓰여 있을 가능성이 크다. 그렇게 이들은 학습을 할 때도 자기만의 방식으로 하는 것을 선호한다.

그러므로 개념적 뇌 선호 유형의 아이들을 학습시킬 때는 획일화된 환경에서 일방적으로 강요해서는 안 된다. 자기 나름의 방법으로 공부할 수 있는 자율적인 분위기를 조성한 뒤 자기 성취를 이룰 수 있도록 지지하는 것이 좋다. 그래야 아이들이 보편적 학습을 무시하지 않고 지루해하지도 않을 것이다. 이들에 대한 보상 역시 독특한 방식으로 하는 것이 좋다. 자기의 기준에 맞는, 자신의 관심에 의거한, 그리고 자신이 중요하다고 생각하는 가치를 파악하는 것이 핵심이다. 또한 언제든 그들이 찾아낸 새로운 방법, 아이디어에 대해 격려하고 지지한다면 그들은 자신이 얼마나 제대로 성취하고 있는지에 대해 의심하지 않을 것이다.

| 코칭 tip | 좌뇌와 우뇌의 차이점

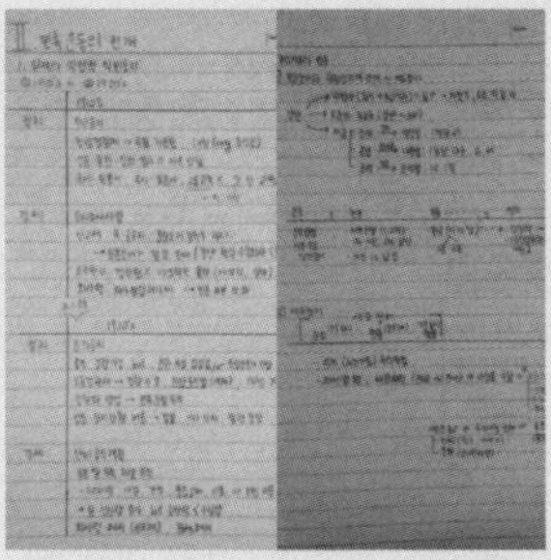

| 좌뇌형 - 분석형, 체계형 |

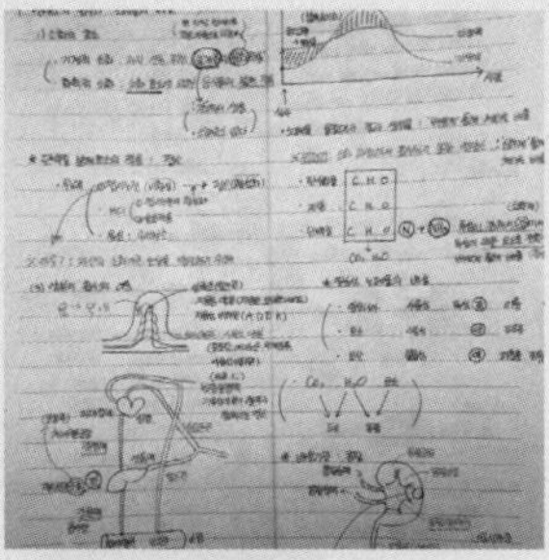

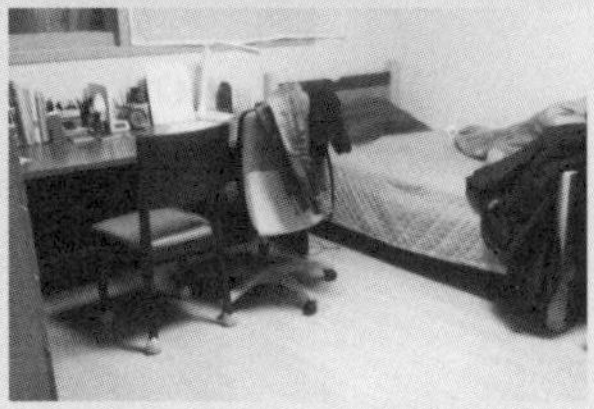

| 우뇌형 - 사회형, 개념형 |

| 코칭 tip | 뇌 선호 유형에 따른 역사 공부법

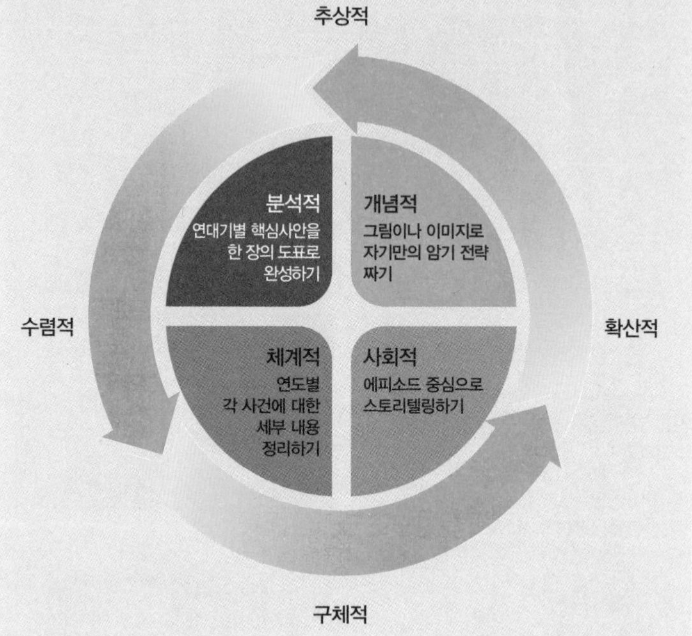

소통과 공감으로 정서 능력 키우기

상담의 거의 모든 장면에서 마주할 수 있는 문제의 대부분은 의사소통에서 출발한다. "나는 '아'라고 하는데 너는 '어!'라고 듣는구나"가 주요 이슈다. 똑같은 말인데 나에게 인식되는 말과 타인에게 인식되는 말이 전혀 다른 이유는 뭘까?

아마도 기질과 성격마다 내재된 부호 체계와 의미가 모두 다르기 때문일 것이다. 우리는 기질과 성격에 따라서 자기 언어를 만들어내고 그를 바탕으로 소통한다. 의사소통이야말로 상대의 언어를 제대로 이해해야 하는 기술이다. 그런데 언어란 자기 내면의 상징적 부호로써 자신이 중요하다고 생각하는 가치, 선호하는 방법, 단어 등이 모두 종합적으로 포함되어 상황마다 그 사람의 욕구와 생각을 가장 잘 드러내게 된다. 앞에서 설명했듯이 뇌 선호 유형은 각각의 선호에 따라 가치 체계, 생각하는 방식, 선호하는 언어 등을 표상한다.

그렇다면 이에 맞게 각 선호 유형에 따른 의사소통 기술을 알아보자.

먼저, 분석적 뇌를 가진 아이들은 어떤 식의 대화를 원할까? 제일 먼저 이들이 싫어하는 형태의 의사소통이 무엇인지부터 알아보자. 이들이 가장 싫어하는 언어는 잔소리다. 한 마디로 끝내면 될 말을 길게 덧붙여서 끊임없이 반복하는 상황을 몸서리치게 싫어한다. 이들은 핵심과 키워드가 가장 중요하다. 짧고 간결하게 본론만 명확하게 전달하는 것이 이들이 원하는 대화 방식이다. 많은 부모들이 이렇게 할 경우 아이의 정서성에 좋은 영향을 주지 못할까 봐 걱정할 수 있다. 특히 사회적 뇌 선호 유형의 부모가 그럴지도 모른다. 혹은 체계적 뇌 선호 유형의 부모들처럼 짧게 말하면 정말 놓쳐서는 안 될 말을 그들이 알아듣지 못하고 넘어간다고 생각할지도 모른다. 그러나 이런 걱정 때문에 말을 길게 하면 분석형 아이들은 그때부터 듣지 않거나 본질을 흐리는 여러 내용 때문에 부모와의 대화에서 신뢰감을 잃게 될지도 모른다.

이들에게는 어떤 대화든 서론, 본론, 결론 등으로 체계와 질서를 잘 구성하되 핵심을 놓치지 않는 의사소통 기술이 필요하다. 예를 들어, 어떤 영어학원을 선택하는가를 논의할 때 가장 먼저 영어학원이 현재 필요한 이유. 두 번째, 선별한 영어학원의 공통점과 차이점. 세 번째, 부모가 원하는 학원과 그 이유를 간결하게 말하고 그 선택을 아이에게 맡겨야 한다. 조금만 설명이 길어지면 이 아이들은 짜증을 내며 "그래서 엄마가 원하는 데는 어딘데?"라고 물을 것이다.

꼼꼼하고 세부적인 양육을 원하는 체계형 아이들의 특성은 의사소통에서도 적용된다. 디테일한 정보를 충분히 설명하지 않으면 자신의 이야기가 무시되었다고 여긴다. 따라서 이들에게는 프로세스에서의 세부내용을 꼼꼼하게 알려주는 것이 필요하다. 지금 전달하고자 하는 이야기를 다 이해했고, 그 부분을 부모가 충분히 고려하고 있다는 확신을 주어야 자신의 얘기가 잘 전달되었다고 느낄 수 있다.

아이들에게 이야기할 때는 가능하면 내용을 순서대로 기술해주고(첫째, 둘째 등으로 번호를 달아주는 화법이 좋다), 추상적인 개념을 사용하기보다는 실제 사례나 구체적인 사항 등을 담아 자세히 설명해주는 게 좋다.

위의 예시와 마찬가지로 영어학원을 선택하려는 대화를 한다면, 영어학원의 특징을 자세히 설명해준 뒤 그곳을 다녔던 사람들의 평가나 경험 등을 추가로 알려주면 이들의 선택에 큰 도움이 될 것이다.

사회적 뇌를 가진 아이들은 상대가 말하기도 전에 이미 그의 눈빛과 표정으로 상대의 마음을 읽으므로 대화의 내용보다 어떤 태도와 마음으로 그를 대하느냐가 의사소통의 핵심이 된다. 말투, 억양, 쓰는 단어 등이 말의 내용보다 훨씬 더 중요하다. 조금만 언성이 높아지면 "엄마, 화났어?"라고 하는 아이들. 그만큼 이 아이들은 상대의 마음이 중요하다. 그래서 이 아이들에게는 인정이나 칭찬, 사랑의 언어를 자주 사용해 만족감을 높여주는 것이 좋다.

이들이 가장 좋아하는 언어는 "너로 인해 행복해", "네 덕분에 좋아졌어" 등으로 자신이 타인에게 얼마나 긍정적인 영향을 미쳤는지, 자신이 얼마나 중요한 존재인지 등을 확인하는 일이 모든 의사소통의 중심이 된다.

그렇다면 개념형 아이들은 어떨까? 이들의 특징은 사람들과 함께 상상과 미래를 나누는 것을 좋아한다는 것이다. 이들과 이야기하다 보면 대화 내용과 상관없이 자기만의 생각에 빠져 있다고 느낄 때가 많다. 이들의 뇌는 현재에 머물지 않고 다양한 아이디어에 대한 사고가 끊임없이 진행되고 있기 때문이다. 그래서 이들은 '엉뚱하다'라거나 '자기 중심적'이라는 평가를 많이 받는다. 따라서 개념형 아이들과 소통하려면 이들의 관심사부터 파악해야 한다. 이들도 분석형처럼 사사로운 대화를 즐기지 않지만, 자신의 관심사에 대해서는 아주 오랜 시간 동안 이야기할 수 있다. 따라서 같은 이야기라도 상징이나 은유를 사용하면서 뭔가 상상하도록 도와주는 것이 중요하다. 예를 들어, 자꾸 학교에서 싸우고 오는 아이에게 "왜 싸우니? 싸우는 것은 나쁜 행동이야"라고 나무라기보다는 "네가 진정한 영웅이라면 그 정도 수준의 적들을 어떻게 처리했을까?" 등으로 다양한 관점, 직관을 자극하는 질문이 문제를 해결하는 데 훨씬 도움이 된다.

또 잘못된 행동에 대해서도 "왜 그랬어?"로 시작하기보다는 "다시 한다면 어떻게 하면 좋을까?"처럼 미래지향적인 언어가 이들의 에너지를 높이기도 하고 새로운 가능성으로의 전환을 일으키기도 한다.

| 코칭 tip | 무엇을 경청할까?

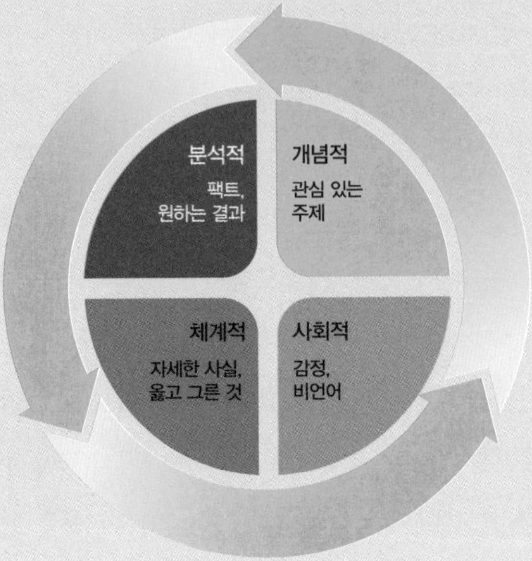

칭찬과 인정으로 성취 동기 높이기

칭찬과 인정만큼 아이들을 동기화시키는 데 좋은 도구는 없다. 그래서 부모는 아이들을 끊임없이 칭찬하려고 노력한다. 그럼에도 불구하고 충분한 칭찬과 인정을 받고 있다고 느끼는 아이들은 많지 않다. 이러한 차이는 왜 존재하는 것일까?

바로 자기가 원하는 칭찬과 인정이 아니기 때문이다. 다르게 말해 자신의 뇌가 가장 좋아하는 칭찬과 인정의 말은 따로 있기 때문이다. 그래서 아이들의 뇌 선호 유형에 맞는 칭찬과 인정 방법을 알아야 한다.

먼저 분석적 뇌를 가진 아이들은 어떤가? 이들은 좋아도 좋다는 표현을 잘 하지 않는다. 마음속으로 생각할 뿐이다. 이들에게 근거가 없는 칭찬은 먹히지 않는다. 예를 들어, 유치원 선생님에게는 칭찬받지 못한 그림을 엄마나 아빠가 많이 칭찬할 경우 사회적 뇌를 가진 아이들은 엄마, 아빠가 좋아하니까 됐다고 생각할지 모르지만 분석적 뇌 성향의 아이들은 "내 엄마 아빠니까 칭찬하는 거지"라고 생각한다. 그래서 이 칭찬을 제대로 받아들이지 않는다. 이들은 객관적 근거가 있거나 최소한 공신력 있는 사람의 말을 칭찬이나 인정으로 듣는다. 그만큼 객관적이고 중립적이며 정확한 칭찬을 받고 싶은 것이다. 조금 과장되었거나 사실과 다르다고 느끼면 바로 정정하고 싶어 하고 불편해한다. 또한 보상도 공정하게, 그리고 그 일의 수준에 맞게 받는 것을 좋아한다. 한마디로 칭찬과 보상을 싫다고 하는 사람은 없지만 정확하게 예측되고, 자신이 중요하다고 생각하는 일에 대해 칭찬받는 것을 좋아한다는 의미다.

체계적 뇌 유형의 아이들도 이와 유사하지만 분석적 뇌를 가진 아이들과 다르게 꼼꼼하게 자신이 잘한 것, 칭찬거리 등을 짚어주는 자세하고 세밀하며 친절한 칭찬을 좋아한다. 여기에 객관적 근거가 있어야 하는 것은 물론이다. 또한 이들은 실제적인 보상을 중요시 여긴다. 아무리 말로만 좋다고 해도 이들은 그에 근거하는 보상을 받지 못하면 충분한 칭찬을 받았다고 느끼지 않을 수 있다.

사회적 뇌 선호 유형의 아이들은 칭찬의 횟수 또한 중요하다. 별것 아닌 일에도 가치를 둔다면 이들의 활력과 에너지는 상당히 높아질 것이다. 그리고 이들은 말뿐이 아닌 비언어적인 칭찬, 말하자면 안아준다거나 머리를 쓰다듬어주는 등 진심으로 아이의 성공에 대해 감동하고 격려한다는 비언어적 메시지를 함께 전달해야 한다. 특히 이들은 시샘이 많고 타인에 대해 관심도 높아서 주위에 있는 다른 사람들이 어떤 칭찬을 받았는가에 상당히 예민하게 반응한다. 그러므로 비교가 느껴지거나, 관심의 수준이 다르다고 느끼면 이러한 칭찬은 빛을 잃기가 쉽다. 체계적 뇌 유형의 아이들과 마찬가지로 이들 역시 실제적으로 자기 눈으로, 몸으로 느끼는 보상이 중요하다.

개념적 뇌 선호 유형의 아이들은 칭찬에서도 자기 기준과 의미가 중요하다. 남들도 다 듣는 칭찬은 그들에게는 크게 의미가 없다. 자신이 별 의미를 두지 않았던 일에 대해 칭찬을 받는다거나 '특별하다', '역시 너답다', '남다르다' 등의 언어가 이들을 흥분시킬 수 있다. 남들도 받는 칭찬을 자신에게도 공평하게 혹은 일반적으로 할 경우 이들은 자신의 기준이나 가치가 평준화된다는 느낌 때문에 오히려 마음이 더 상할 수도 있다. 그러므로 이들에게 가장 좋은 칭찬은 특별한 그만의 가치를 부각하는 것이다.

| 코칭 tip | 어떻게 칭찬할까?

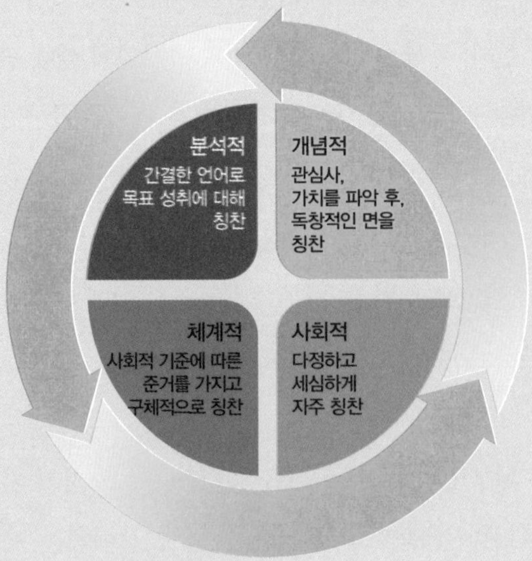

올바른 훈육으로 성찰 능력 키우기

훈육 방법은 아이와의 소통 과정에서 가장 강도 높고 어려운 일이다. 특히 훈육에 사용되는 피드백을 온전히 중립적으로 받아들이며 고마워할 아이들은 없다. 따라서 많은 부모들이 가장 어려워하는 게 올바르게 훈육하는 방법이다.

일반적으로 부모의 피드백은 아이의 행동을 변화시키거나 자신의 행동을 자각하도록 돕기 위해 쓰인다. 흔히 지적하는 방법을 사용하지만 아이의 기질에 따라 다르게 적용하지 않으면 정서적 에너지만 낭비할 뿐이다.

그렇다면 가장 좋은 피드백 방법은 무엇일까? 효과적인 피드백의 구체적인 공식이 있다. 1단계는 지적할 사항에 대해 중립적으로 말하고 2단계, 그 행동의 영향에 대해 이야기하며 3단계, 그 상황에서 기대하는 바에 대해 구체적으로 이야기하는 것이다. 만약 게임을 계속하는 아이가 있다고 한다면 1단계, "게임할 수 있는 시간이 지났구나"라고 규칙을 알려준 뒤 2단계, "엄마와 약속한 시간을 잊은 것 같아서 엄마는 걱정이 되네"처럼 아이가 스스로 판단할 수 있는 여지를 주고 3단계, "지금 바로 그 약속을 지켰으면 좋겠어"라고 말하는 것이다.

이때 아이가 한 행동을 가능한 한 판단이나 평가 없이 있는 그대로 기술해주면 된다. 그러나 이런 기본 원칙도 기질에 따라 받아들이는 방식이 조금씩 다르다. 이 때문에 뇌 선호 유형이 중요한 것이다. 그렇다면 뇌 선호 유형에 따라 피드백은 어떻게 해야 효과적일까?

먼저 분석형 아이의 경우, 자신의 잘못이나 실수를 제대로 이해하되, 그것이 객관적 평가라고 생각될 때 인정하고 받아들인다. 만약 이 아이들에게 무엇인가를 변화시키라고 이야기하고 싶다면, 감정을 가라앉히고 가장 이성적인 상태에서 대화를 시작해야 한다. 섣부른 지적이나 비판으로 시작하면 바로 자기 마음의 자물쇠를 걸어 잠그고 방어할 준비를 먼저 하기 때문에 이들과의 대화에서는 중립적 태도가 무엇보다 중요하다. 그리고 이들에게 훈육할 때는 아주 간략하고 핵심적으로 해야 한다. 민감해져 있는 상황에서 한 말을 다시 한 번만 더 반복해도 이들은 그 훈육 내용 자체를 무시할 수 있다. 또 하나 잊지 말아야 하는 사실은 피드백 이후의 행동이다. 이들에게 피드백 이후에 확인 차원에서 어떻게 생각하는지, 잘못했다고 반성하는지에 대한 확인을 바로 받으려 한다면 오히려 갈등만 키울 뿐이다. 만약 정말 잘못했다고 생각한다면 이 분석형 아이는 요구하지 않아도 먼저 잘못했다고 말할 것이다. 그러나 사실 이런 경우는 거의 드물다. 잘못했다고 생각한다고 해서 "잘못했어요"라고 말로 표현하는 것을 아주 어려워하기 때문이다. 이들은 자신의 말에 대한 공신력을 다른 유형의 사람들보다 크게 느끼는 편이므로 자신을 부정하는 말, 자신의 실수나 잘못을 공인하는 말 등을 쉽게 할 수 없다. 이들은 스스로 이해하고 납득하는 상황이 오면 쉽게 바로잡는다. 따라서 얼마나 확실하게 이 아이들이 피드백 내용을 받아들였는지 확인하는 일은 이 유형의 아이들에게 그다지 중요한 사항이 아니다.

체계형 아이의 경우에는 칭찬할 때와 마찬가지로 훈육도 세세하게 해야 한다. 이 세세함에는 행동에 대한 평가만이 아니라 대안까지도 포함된다. '다음부터는 잘하자'와 같은 두루뭉술한 이야기보다 세세한 설명과 원칙, 그리고 대안까지 정확하고 구체적으로 피드백해야 한다. 이들이 피드백 과정에서 짜증을 많이 내는 이유는 자신이 듣게 될 내용을 이미 여러 번 마음속으로 떠올렸기 때문이다. 이미 자신이 그 행동을 하면서 잘못되었다고 평가하고 있을 가능성이 높고, 그것을 알면서도 욕구를 참지 못해 저지른 일이기 때문에 예민해져 있을 수 있다. 따라서 이들에게 피드백할 때는 이유를 자세히 설명하되 잔소리처럼 길게 반복하거나, 그들이 자신의 잘못을 전혀 알지 못한다고 가정해서는 안 된다. 그 일에 대한 스스로의 평가부터 들어보고 그 이후 잘잘못에 대한 피드백을 할 때 아이는 존중받았다고 느낄 수 있다. 그래서 체계형 아이에게 가장 좋은 피드백은 "어떻게 된 일인지 설명해줄 수 있어?"로 시작하고, "응, 바로 그전에는 무슨 일이?", "또 그 전에는?"과 같은 방식으로 한 단계 단계가 스스로 평가하며 그 프로세스를 밟아보는 작업이다.

예를 들자면, 동생에게 무언가 방법을 알려주다가 화가 나서 동생을 때렸을 때 "동생을 도와주고 싶었지? 우리 ○○는 확실하게 가르쳐주고 싶어서 그런 걸 알아. 그러니 얼마나 화가 났겠어? 그런데 동생을 때리는 것은 우리가 하면 안 되는 일로 약속했는데"라고 피드백하면 된다. 그런데 이 유형 아이들은 그저 안 되는 것만 지적하면 충분하지 않다고 여길지도 모른다. 아마도 아이는 "그럼 잘못하고 있는데 어떻게 해요?"라고 물어보고 싶을 것이다. 그러므로 이 아이들에게는 대책 없이 "다음부터는 그러지 마"로 끝내지 말고 구체적으로 다음 행동에 대한 계획을 함께 세우는 것이 좋다.

한편, 사회적 뇌와 개념적 뇌를 가진 아이들은 유독 피드백이 까다로운 유형에 속한다. 혼나고 나서 하지 말라는 일을 아무렇지도 않게 하는 아이들을 보면 바로 이전에 했던 말들이 아무 의미가 없는 느낌이 들기 때문이다. 물론 사회적 뇌를 가진 아이들은 감수성이 풍부하고 예민해서 엄마가 조금만 화가 난 것 같으면 눈치를 보고 눈물을 글썽이는 아이들도 있겠지만, 이들은 본디 새로운 것에 대한 호기심이 높고 자신의 욕구를 위해서 모험이나 도전을 기꺼이 한다. 특히 본능적 욕구가 높은 어린아이들의 경우에는 자제시키기 어려워서 이런 아이들을 기르는 부모들은 특히 훈육을 어려워하게 된다.

먼저 사회적 뇌를 가진 아이들은 상황 변화와 상대의 정서에 민감하기 때문에 객관적인 설명보다는 그 아이의 욕구부터 알아주어 너와 내가 통한다는 느낌을 주는 방법이 좋다. 하지 말라는 장난을 계속하는 아이에게 "오랜만에 아빠와 노니 진짜 신나는구나. 네가 그동안 알고 있던 장난의 모든 것을 해보고 싶은 모양이야"처럼 그의 의도를 먼저 알아준 다음 피드백할 내용을 정확하게 전달하고 대안을 함께 의논하는 것이 좋다. 이들은 혼나는 내용보다 상대의 태도, 말투, 표정 등에 더욱 신경을 쓰기 때문에 정말 아이를 존중하고 개선을 원하는 마음가짐을 갖는 것이 무슨 말을 하는가보다 훨씬 중요하다. 특히 나이가 어릴수록 다른 아이들보다 혼나는 것에 대해 무서워하며 혹시 부모가 자신을 미워하지 않을까를 많이 걱정한다. 그래서 이들에게 피드백을 할 때는 정말 진심을 담아 '네게 도움이 되고 싶어 이런 말을 하는 거다'라는 마음을 느끼게 하는 것이 가장 좋다. 참 재미있는 것은 아이들이 혼났다는 이야기를 할 때 그 훈육이 이 아이에게 어떻게 다가오는지를 잘 알 수 있다는 사실이다. 앞서 설명한 분석적이거나 체계적 뇌를 가진 아이들은 "혼났어요. 무서웠어요. 그리고 화났어요"라고 한다면 사회적 뇌 유형의 아이들은 "나만 미워해요. 나한테만 그래요. 그래서 슬퍼요"라고 한다. 이 언어만 보더라도 어떤 차이가 있는지 쉽사리 짐작할 수 있다. 그만큼 이 아이들은 행동이나 상황과 사람을 분리하는 일이 어렵다.

실제로 내가 상담실에서 만났던 한 아이는 "우리 아빠는 사랑해서 절 혼낸다고 하지만 아무래도 나를 싫어하는 것 같아요. 엄마는 똑같이 혼내도 그런 느낌이 안 들어요"라고 말한다. 그만큼 이 아이들은 감정에 민감하고 직감력이 남다르다. 그래서 언어와 비언어를 잘 일치시켜 대화를 나누는 것이 중요하다.

개념적 뇌를 가진 아이들의 경우 피드백하기 힘들 가능성이 높다. 자신이 관심이 없는 영역의 일은 대부분 건성으로 듣고 대답하는 경우가 다반사이며, 설혹 실질적으로 당장 문제가 생겨 그 말을 듣는다 하더라도 뒤돌아서면 그 일을 잊고 자신의 관심사에 빠져버리기 때문이다. 그러나 정작 아이들은 자신이 건성으로 그것을 듣는다고 생각하지 않고, 자신은 많이 혼나는 사람이라는 느낌과 이미지만 기억하기 때문에 많이 억울해하고 겁도 많이 낸다.

개념형 자녀를 둔 부모들은 이런 아이들을 보고 "혼나는 게 저렇게 무서우면 안 하면 되잖아요. 그런데 얼마 지나지 않아 또 같은 행동을 하더라고요. 부모의 말을 신경쓰지 않는 걸까요?"라고 생각하며 답답해한다. 그러나 이것은 우선순위의 문제다. 그들에게는 호기심을 해결하고 그것을 즐기려는 욕구가 꾸지람을 감수하는 것보다 훨씬 크기 때문이다. 그래서 이들에게는 피드백을 경청하게 하는 일이 가장 급선무다. 책상에 물을 엎지른 아이에게 "이렇게 하면 어떡하니?"보다는 "책상도 목이 마르다고 생각했나보네. 책상은 물 먹는 것을 엄청 싫어하는데! 왜냐하면 이들은 배설을 할 수 없어서 계속 물을 머금고 있어야 되거든" 등으로 색다른 사고의 전환을 가져올 수 있도록 하고, "물은 너만 먹었으면 좋겠다. 책상에게는 주지 말고!" 등으로 짧게 피드백하면 된다. 이런 비유가 집중력을 유지하여 경청하게 만드는 가장 효과적인 도구다. 더 쉽게 말해 "너무 목소리가 커, 좀 조용히 말해"보다는 "지금 볼륨이 어디에 맞추어 있을까요? 10에서 2로 낮추어주세요"라고 하거나, "누가 이렇게 어질러 놓았어? 빨리 정리 안 해?"보다는 "어마어마한 전투가 일어났네요. 전쟁은 언제 끝날까요? 평화로운 우리 마을로 돌아가고 싶은데" 등으로 말하는 것이 좋다.

공격적인 행동을 많이 해서 문제가 되는 아이에게 "네가 학교에서 아이들에게 공격할 때 너에게 닉네임을 붙인다면 뭐라고 할 수 있어? 히틀러? 맙소사. 네가 진짜 원하는 모습은 히틀러보다는 누구와 가깝니? 오호, 나폴레옹이구나. 그렇다면 무엇을 다르게 해야 히틀러에서 나폴레옹으로 바뀔 수 있을까?" 등으로 응용해볼 수 있다.

이처럼 개념적 뇌를 가진 아이들은 사람들이 피드백을 줄 때는 잘 듣지 않고 건성으로 넘기다가 진심으로 깨달았을 때 스스로 행동을 변화시킨다는 점을 감안해야 한다. 절대로 안 되는 일, 선을 넘어서는 안 되는 일 몇 가지만 정해놓고 그 부분에 대해 스스로 느낄 수 있도록 하는 구조를 만들어야 한다는 의미다.

| 코칭 tip | 어떻게 훈육할까?

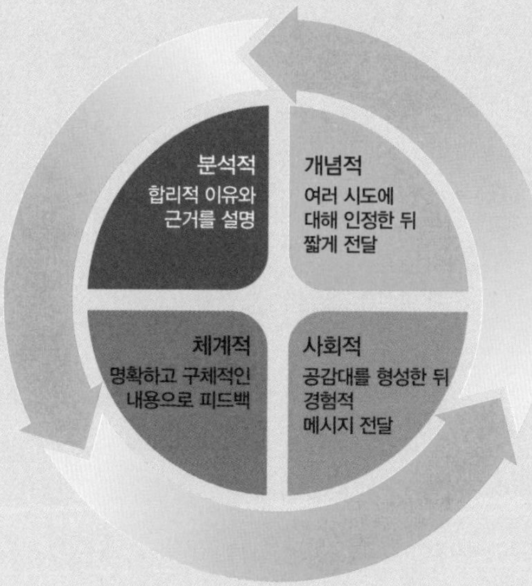

6부

이럴 땐 어떻게? Q&A로 보는 코칭 기술

Q. **우리 아이는 자기가 좋아하는 과목만 공부하고 그렇지 않는 과목에 대해서는 전혀 관심을 보이지 않아요. 어떻게 해야 모든 과목을 골고루 공부시킬 수 있을까요?**

A. 당연히 아이들은 공부를 좋아하지 않습니다. 해야 하니까 하는 것뿐이죠. 하지만 이 의미가 아이들에게는 예상보다 크게 다가갑니다. 예를 들어, 수학을 싫어하는 아이가 있다고 합시다. 만약 이 아이가 분석형이라면 수학을 공부해야 하는 이유와 이득이 되는 점을 정확하게 알려주면 알아서 공부를 시작할 것입니다. 실제로 컴퓨터 프로그래머가 되고 싶어 게임만 하던 분석형 아이가 게임을 배울 수 있는 학교에 진학하기 위해서 싫어하던 수학 공부에 매달리기도 하지요. 체계형 아이들은 공부를 통해 얻은 성과를 바로 확인할 수 있는 그래프 등으로 표시해, 당사자 스스로 느낄 수 있도록 해주는 것이 좋습니다. 사회형이라면 당연히 함께 공부할 수 있는 파트너를 만들어주는 게 효과적이겠지요. 친구든 과외 선생님이든 부모든, 아이에게 동기 부여를 해줄 수 있는 사람을 찾는 것이 무엇보다 우선시되어야 할 것입니다. 개념형은 네 가지 선호 유형 중 가장 호불호가 심한

부류로, 강력한 관심 지점과 연관 짓지 않고서는 동기를 유발할 수 없습니다. 내용에 대한 흥미를 갖게 하는 것이 가장 강력한 방법이지만, 아이에 따라 자기 관심사(1등 하는 일, 인정받는 일 등)와 연관하여 공부의 의미를 느끼게 하는 것이 가장 좋은 방법입니다. 더 자세한 내용은 5부 강점에 맞춘 학습 방법을 참고하세요.

Q. 우리 아이는 만화책만 읽어요. 어떻게 하면 다양한 종류의 책을 읽게 할 수 있을까요?

A. 요즘처럼 미디어가 발달한 시대를 살아가는 사람들이라면 누구나 간결하고 분명하며 즉각적으로 오감을 자극할 수 있는 메시지를 좋아하죠. 그것을 충족할 수 있는 것이 만화책인 듯 싶어요. 그런데 아이들이 만화책만 읽는다고 걱정하는 부모들의 이유를 들어보면 첫째, 아이가 너무 감각적이 되는 것. 둘째, 단편적 지식 습득의 습관성. 셋째, 이로 인한 학습 능력의 약화 등인 것 같아요. 물론 만화가 갖고 있는 여러 유해적인 요소도 포함되겠지요. 만화로 책 읽기에 관심과 흥미를 갖게 한 뒤 자신의 관심사를 더 깊은 수준으로 확장시켜야 하는 것이 독서 원리이므로 이를 잘 연결시키는 것은 아주 중요한 부모의 역할이라 할

수 있습니다. 이때도 아이들의 뇌 선호 유형을 잘 살피는 것이 중요한데요. 일단 아이들이 어떤 만화책을 읽는지 잘 관찰해보세요. 만화책도 종류도 많고 그것을 좋아하는 이유는 아이들마다 다르니까요.

먼저 분석형의 아이는 아이가 좋아하는 만화책 주제에 맞추어 더 깊이 생각할 수 있는 코드를 발견하셔야 합니다. 예를 들어 『마법천자문』과 같은 책에서 삼국지에 관련된 내용에 관심을 가진다면 그 책에는 없으나 흥미진진한 삼국지 원전에 있는 레퍼토리 하나를 준비해 그들의 관심을 끌고 좀 더 깊은 이야기가 담긴 글밥 책을 원할 수 있도록 유도해야 합니다. 체계형과 사회형 아이들은 감각적이고 실제적이라 만화책에 빠질 가능성이 더욱 높은데 이들이 읽은 만화책 내용을 가능한 한 그들의 언어로 상세하게 설명할 수 있는 기회를 주고, 그 이야기 속에서 좀 더 생각을 확장할 수 있는 질문을 통해 다른 책에도 관심을 가질 수 있도록 해야 합니다. 아이들에게 한때 유행이었던 '살아남기 시리즈' 등에서도 세부적으로 설명되지 않은 구체적 정보에 대해 물어보고, 그것을 찾기 위해 사전을 뒤지게 한다든지, 관련 서적에서 그 정보를 알게 한다든지 하는 식으로 자기의 지식과 정보를 조금씩 확장하는 훈련을 해보는 것이 좋습니다. 분석형은 "그들이 사용한 전략은 어떤 거지? 상대편은 어떤 전략이었을까?" 등으로 큰 그림을 보게 하는 질문을 던져 그들의 궁금증을 자극했다면 체계형과 사회형은 처음부터 큰 질문을 하기보다는 "남극의 온도는 몇 도일까? 북극은? 어디가 더 추워?" 등으로 아주 구체적인 질문을 통해서 차근차근 그 범위를 넓히는 것이 좋습니다. 개념형은 눈앞의 만화책을 보면서도 자기만의 새로운 세계를 창조하는 아이들입니다. 머리와 상상으로 그리는 그들만의 만화책에 대해 관심을 가져주고 그 내용을 확대해나가는 데 필요한 정보를 찾을 수 있도록 도와야 합니다. 즉 기본 원리는 관심에서 시작해서 그것을 확대하라는 것인데 조금씩 다르게 아이들에 뇌 선호 유형에 맞추어 접근한다면 좀 더 친근하게 그들이 새로운 자극을 받아들일 것입니다.

Q. 학습하는 시간이 지나치게 짧아요. 조금 더 인내력과 집중력을 갖게 하고 싶은데 어떻게 하면 좋을까요?

A. 집중력은 기능이고 능력입니다. 다시 말하자면 훈련을 통해 충분히 좋아질 수 있다는 거죠. 그렇다면 무엇을 중심으로 이 지속시간을 늘려나갈 것인가가 인내력이나 집중력을 키우는 데 도움이 될 텐데요. 일단 분석적 성향의 아이들은 다른 유형에 비해 인내력과 집중력이 좋은 편입니다. 자신의 목적에 부합하

는 일이라면 몇 시간이고 붙어서 해내는 아이들이기 때문에 이들에게는 학습에 대한 목적의식만 심어주면 됩니다. 체계적 성향의 아이들은 자신이 하고 있는 학습 시간이나 양 등을 눈으로 보여주면서 격려해야 합니다. "어제는 10분 앉아 있었는데 오늘은 15분이 되었네. 5분이나 더 늘었어"처럼 말입니다. 사회적 성향의 아이들은 옆에 사람이 있고, 특히 그 사람들이 자신과 같은 일을 할 때 경쟁심도 생기고 의욕도 생기는 편이기 때문에 같은 과제와 한정된 시간을 주고, 함께 즐긴다는 느낌으로 과제를 수행하게 할 때 상당히 집중력이 좋아질 수 있습니다. 개념형은 집중하는 일과 그렇지 않은 일 사이의 간극이 큰 유형인만큼 그들의 집중력도 들쑥날쑥할 수 있습니다. 모든 일에 집중력을 발휘하라고 다그치기보다는 그들이 집중할 때의 성과에 대해 칭찬하고 격려함으로써 그들이 이 집중을 승리의 기억으로 생각할 수 있도록 하는 것이 중요합니다.

Q. 우리 아이는 무슨 일이든 혼자 못하고 뭐든지 남들에게 의존하는 경향이 강한데 어떻게 해야 할까요?

A. 아이들의 의존도는 자율성이나 자존감과도 연관되어 있습니다. 자기 성취의 경험과 자신감이 얼마나 충만한가에 따라 이

의존도가 달라질 수 있는데요. 이 중 뇌 선호 유형과 관련되는 요소만 설명하겠습니다. 일단 분석형들은 본래 의존과는 거리가 먼 성향입니다. 만약 이들이 의존적인 모습을 보인다면 정서가 불안하다고 판단해야 할 것입니다. 체계형은 평소에도 의존하는 모습을 자주 보일 수 있습니다. 경험이 부족한 어린아이의 경우 스스로 확신이 부족하거나 세부적인 가이드라인이 확립되어 있지 못하다고 생각되면 이런 의존성이 더욱 심해질 수 있습니다. 그러므로 이들에게는 스스로 할 수 있는 연습의 기회를 많이 제공하는 것이 의존도를 낮추는 일입니다. 사회형들이 지나치게 의존한다는 것은 애정의 욕구가 충분히 채워지고 있지 않다는 신호입니다. 이때 아이를 다그친다면 마음의 상처를 크게 받을 수 있습니다. 그러므로 그들의 애정의 욕구를 채울 수 있도록 더 세심한 배려와 애정을 표현하는 것이 중요합니다. 개념형들도 분석형처럼 의존하는 성향을 갖진 않았지만 만약 이들이 그런 모습을 보인다면 자존감이 많이 떨어졌을 가능성이 높습니다. 자신이 하는 일이 남들에게 전혀 공감받지 못한다는 느낌이 들 때 이들은 다른 사람에게 의존하는 방법으로 자신의 마음을 표현합니다. 그래서 개념형들은 이미 잘하고 있는 부분을 칭찬하고 격려해주는 방식, 특히 그들의 특별함에 대한 인정으로 의존 욕구를 충족해주어야 합니다.

Q. 시작도 안 해보고 무조건 포기하는 아이, 어떻게 해야 할까요?

A. 도전은 목표를 바라보는 아이들의 관점과 관련이 있습니다. 분석형은 효율적이거나 효과적이지 못한 일에 에너지를 투여하는 일을 너무나 싫어합니다. 그래서 그 끝이 너무 먼 나라 이야기거나 자신이 생각하는 결과물이 나오지 않는 일이라고 판단할 때 시작하지 않습니다. 그러므로 그들에게는 이 일에 대한 비전과 실행 계획이 얼마나 합리적이고 현실적인가를 함께 고려하는 것이 중요합니다. 체계형들은 너무 높은 목표를 잡았을 때 포기합니다. 그러므로 단기적으로 달성 가능한 목표를 설정한 뒤 이를 토대로 장기 목표를 이루는 체계를 잡아주는 것이 좋습니다. 사회형이나 개념형과 같은 우뇌형들은 목표는 장대하나 구체적인 실천 계획은 미비한 경우가 많습니다. 이를 산에 오를 때의 방식으로 비유하자면 이들은 산 입구에서 이미 정상을 봅니다. 갈 길은 너무 멀고, 재미도 없으며 굳이 왜 가야 하는지에 대한 이유를 찾기가 어렵습니다. 그래서 결국 포기합니다. 따라서 이들에게는 강력한 동기 부여가 필요합니다. 상상과 도전이 이들의 동력인만큼 끊임없이 자신이 원하는 강한 동기 부여 요인을 찾아 그것만으로 가슴이 설렐 수 있도록 격려해야 합니다.

Q. 요즘 아이들에게 개입해야 할 때 제 방식이 맞는지, 틀린지 알 수 없어 혼란스러워요. 예를 들어, 핸드폰 사용시간은 얼마큼 지정해주어야 할지, 지정을 해주는 것이 맞는지, 뭐든 제 방식에 대한 점검이 필요한데 점검받을 데가 없어요.

A. 부모라면 누구나 하는 고민일 것입니다. 내가 잘 하고 있는지, 내 잘못으로 아이를 망치고 있는 것은 아닌지 등이죠. 그런데 이런 혼란의 과정에서도 부모 자신의 뇌 선호 유형에 따라 다른 방법을 찾게 됩니다. 예상하듯이 분석형이나 체계형 부모는 인터넷 기사나 육아서 등을 통해 신뢰할 수 있는 정보를 구하려고 할 것입니다. 물론 체계형은 여기에 하나 더, 많은 부모들이 실제 경험하고 쓴 블로그나 유튜브 방송, 맘카페 정보 등까지 포함해서 말이죠. 사회형들은 주변 엄마들이나 선배 부모와의 대화에서 해답을 구하는 방법을 선호할 것이고, 개념형은 자신에게 수집된 정보를 변용, 혹은 그를 근거로 창의적으로 자기가 원하는 방법, 소신이 있는 방법을 선택하게 될 것입니다. 자신이 가장 믿을 수 있고 안정될 수 있는 방법을 찾는 것은 좋습니다. 그러나 결국 이 혼란과 불안의 해답은 관찰에 있습니다. 그 관찰을 토대로 부모로서 자신감을 가지고 자기만의 방식으로 해결하는 것이 정답인 셈이지요. 아무리 좋은 방법을 안다고

해도, 자기 방식이 아니면 일회적이거나 활용하지 못할 가능성이 크기 때문입니다. 결국 모든 육아의 정답은 아이가 가지고 있습니다. 그것이 우리가 아이의 뇌 선호 유형을 공부하고 연구하는 이유이기도 합니다.

Q. 뇌 선호 유형은 아이들이 자라면서 바뀔 수 있나요?

A. 뇌 선호 유형은 타고난 기질입니다. 따라서 바뀌지 않습니다. 만약 검사 결과가 다르게 나왔다면 모든 유형 검사가 그렇듯 자신이 인식하는 수준과 범위, 그 순간의 정서 상태에 따른 일시적 변화입니다. 그리고 아이들의 경우에는 환경에서 발휘되지 않은 기질적 측면이 있을 수 있습니다. 그런 경우에는 일정 연령이 지난 뒤 검사하면 유의미한 결과를 얻을 수 있습니다.

| 코칭 tip | 강점과 연관된 개념들

1. 강점과 진로

대부분의 부모들은 아이의 진로를 강점과 연결시키길 원한다. 강점이 가장 수월하게 그리고 효과적으로 발휘할 수 있는 능력의 코드라면 그에 맞는 진로를 연결한다는 것은 아주 자연스럽고 당연한 일로 느껴질 수 있다.

그런데 진로를 강점과 연결하기 전에 생각해볼 것이 있다. 어느 법정에 같은 사건으로 변론을 맡은 네 가지 뇌 선호 유형의 변호사가 있다고 가정해보자. 분석형 변호사는 객관적이고 이성적으로 자신의 자료에 의거해 간결하고 핵심적인 변론을 할 것이고, 체계형 변호사는 모든 과정을 꼼꼼하게 살펴서 자신이 변론해야 할 내용을 치밀하고 계획적으로 준비할 것이고 사회형 변호사는 피고인의 감정선을 잘 짚어가며 판사와 관객에게 감정을 호소하며 변호해나갈 것이다. 개념형 변호사는 완전히 새로운 시각으로 사건을 볼 수 있도록 판사와 관객을 설득할 것이다. 즉, 같은 변호사라도 자신의 강점을 이용해 그 상황에서 발휘할 수 있는 능력이 다르다는 의미다.

그렇다면 어떤 유형의 변호사가 가장 유능하고 자신과 잘 맞는다고 생각하는가? 중요한 것은 무엇을 하느냐가 아니라 어떻게 하느냐다. 그러므로 뇌 선호 유형에 따라 적합한 직업을 찾는 일차원적 진로 지도(예를 들어 좌뇌 아이는 회계사, 우뇌 아이는 예술가 등)는 그 어떤 것도 유용하지 않다.

다만 진로를 설정하는 데 있어서 강점이 작용하는 지점은 분명히 존재한다. 셀레그만은 2002년 발표한 자신의 논문에서 강점을 제대로 인식하고 대표 강점을 발휘하도록 한다면 어떤 과업이 주어졌을 때 몰입도가 높아질 것이며, 그 일에 대한 생산성을 향상시킬 수 있다고 주장했다. 자신이 가지고 있는 강점에 대해 인식하는 것이 긍정적인 자기개념을 형성하는 데 효과적이라는 사실은 강점에 대한 많은 연구에서 밝혀진 바 있다. 그러므로 자기의 강점을 제대로 아는 것만으로도 자신이 무엇을 하고 싶고, 어떤 목표를 가져야 하는지에 긍정적인 영향을 미친다. 그러니 결국 강점을 제대로 알고 그것에 대해 인정받은 아이들은 자신이 무엇을 원하는지, 그리고 원하는 것을 위해 자신의 어떤 강점을 활용할 수 있는지에 대한 이해가 명확해진다는 뜻이다. 물론 강점이 재능은 아닐 수 있다. 특히 진로를 결정할 때는 원하는 것, 하고 싶은 것도 중요하긴 하지만, 그것이 얼마나 경쟁력이 있는지도 고려해야 한다. 강점이 재능으로 가는 길에 훈련과 노력이 필요한 이유다. 그러므로 진로를 결정할 때는 자신의 강점, 그리고 그 강점이 현실화된 재능, 그리고 자신의 삶에서 가장 중요하게 생각하는 가치 등이 탐색되어야 할 것이다.

2. 강점과 지능

많은 사람들이 처음 뇌 선호 유형을 공부할 때 지능과도 관련이 있을 것이라 짐작하는 경우가 많다. 그러나 뇌 선호 유형은 지능과는 아무 상관이 없다. 뇌 선호 유형은 단지 자신 안에 있는 뇌가 어떤 쪽을 선호하는지에 대한 정보일 뿐, 그 선호 유형 하나하나가 능력이나 가치를 설명하지는 않으니 말이다. 좀 더 풀이하자면 분석적 뇌 선호 유형의 특성을 가진다고 모두 논리적인 작업에서 높은 수행 수준을 보이는 것은 아니라는 이야기다. 가끔 뇌 선호 유형 검사의 결과에 대해 걱정하는 부모님들이 있다. "우리 아이가 우뇌 선호 유형이면 제도 교육에는 전혀 맞지 않는 건가요? 그럼 학년이 높아질수록 공부가 안 될 텐데 어쩌죠?"라는 식으로 말이다. 그러나 뇌 선호 유형에 계급이나 우위성은 존재하지 않는다. 다만 목적지를 가는 데 있어서 가는 방법을 달리할 뿐이다. 삼각함수라는 새로운 개념을 익히는 과제를 아이들에게 주었다고 하자. 처음 배우는 것이니 모두 개념을 익혀야 한다. 그런데 그 개념을 익히는 과정에서 공식이 나온 원리에 중점을 두는 아이가 있는가 하면, 공식을 외운 뒤 많은 문제풀이를 시도하는 아이도 있을 것이다. 그러나 어떤 형태로 그 개념을 익혔듯 결국 익히고 적용하고 그 과제를 마스터하는 것은 어느 뇌를 사용하든 가능한 일이 아니겠는가? 다만 여기서 아이의 뇌 선호 유형에 알맞은 방법을 사용했는가 아닌가는 수행 정도에 영향을 미칠 것이다. 그래서 어떤 뇌 선호 유형이 좋은가 그렇지 않은가를 따지기보다는 내 아이의 특성에 맞추어 어떻게 도와줄까에 초점을 맞추어야 한다.

3. 강점과 사회 적응력

그렇다면 강점과 사회 적응력은 어떤 관계가 있을까? 첫 학교, 첫 학기는 어떤 아이들이든 긴장하기 마련이다. 이런 순간이 그들의 적응력이 가장 요구될 때인데 아이들에 따라 그 긴장된 환경에서 살아남는 방법은 모두 다를 수 있다. 그럼에도 불구하고 부모들은 자신이 세운 기준에 따라 아이들이 환경에 적응하길 바란다. 교우관계가 중요하다고 생각하는 부모는 친구를 빨리 사귀는지에 초점을 맞출 것이고, 다른 사람이 공식적으로 인정할 만한 일을 했을 때 잘 적응하리라고 판단하는 부모는 성적이나 기타 활동 등에서 아이가 부각되는 것에 주안점을 둘 것이며, 또 어떤 부모는 잘 알아서 하겠지 하고 다소 방임적인 태도로 임할 수도 있다. 아마도 이 환경에서 분석형 아이는 관찰과 판단을 통해서 자기가 속한 환경에 대해 조금씩 안정감을 찾아가고, 체계형 아이는 규칙과 질서를 잘 따르고 올바르고 모범적으로 자신의 위치를 구축하며, 사회적 유형의 아이는 친구를 사귀어 자신과 함께할 사람을 만드는 것으로, 개념형 아이는 자신이 관심 있어 하는 영역에 에너지를 쓰고 몰입하면서 주변을 배경으로 만들어버리는 방식으로 환경에 적응할 것이다. 아이들에게 브레이크가 걸리는 이유는 환경에서의 반응이 안정적이지 못할 때다. 친구가 있어야 안정된다고 느끼는 아이가 친구를 사귀기 어려운 환경에 처하거나 미술시간에 아주 창의적인 그림을 그리는 아이가 지시대로 하라고 요구하는 담임선생님을 만나 고전하는 경우 등이 그에 해당된다. 이런 장애물은 무궁무진하다. 이때 자신의 강점으로 어떻게 그 장애물을 극복하게 만드느냐가 적응을 돕는 가장 중요한 포인트다.

예를 들어, 친구가 없다는 이유로 학교를 가기 싫어 하는 아이가 있다면 이때도 그들의 강점을 활용해서 위기를 극복하게 만드는 것이 효과적이다. 분석형 아이에게 무조건 생일파티 같은 데 따라가라고 종용하기보다는 자신이 잘하는 과학 동아리 같은 곳에 가서 관심이 통하는 아이와 만나게 해주는 것이 좋다. 체계형 아이에게는 모임이나 동아리, 혹은 플레이타임 등을 활용해 안정적인 환경을 제공한 뒤 만남을 시도할 수 있는 최소 단위 즉 한두 명의 친구와 놀게 해주는 것이 효과적이다. 체계형은 소수의 사람과 낯익은 장소에서 시작하는 편을 택하는 것이 안정적이라는 의미다. 사회형 아이는 아이들이 모이는 곳이면 어디든 자주 접하게 하는 것이 좋고, 개념형 아이는 분석형과 마찬가지로 공통 관심사를 가진 친구들과 함께 만날 수 있는 곳이 어디인지 찾아서 그를 접하게 해주어야 한다. 여기서 우리가 염두에 두어야 할 것은 분석형 아이에게 친구를 만들어준다는 명분으로 이 모임, 저 모임에 우후죽순 참여하게 한다든지, 사회형 아이에게 친구만 신경 쓰지 말고 네 할 일만 잘하라고 윽박지른다면 아이들은 더욱 혼란스럽고 자신감이 줄어들며, 자신이 처한 환경에 제대로 적응하지 못할 수도 있다는 것이다.

즉, 아이가 사회적 적응력을 강화하기 위해서는 먼저 자신의 강점을 알아야 하고, 둘째, 그 강점을 중심으로 자기만의 해결책을 찾아나가는 문제 해결력과 그에 맞는 경험이 필요하다. 그리고 이 경험을 통해 자신감을 가질 때 어떤 환경에서도 유연하게 적응해나갈 수 있을 것이다.

부록

1

STEP
(Student Teacher Emergenetics Program)

STEP은 Students/Teacher Ecmergenetics Program의 줄임말로써 이머제네틱스의 아동·청소년 버전이라 할 수 있습니다. 이머제네틱스의 창시자인 게일 브라우닝 박사는 증조할머니, 할머니, 어머니가 모두 교육자인 집안에서 자랐는데 어렸을 때부터 식사 시간에 어머니와 할머니가 나누는 대화에서 연구의 실마리를 발견했다고 합니다.

"오늘 조니는 왜 문제를 일으키는 행동을 한 걸까?
수지는 도대체 왜 수학을 못하는 걸까?"

STEP은 2017년 기준 미국 130여 개의 학교에서 학생들과 교사, 행정 직원까지 모두 설문한 뒤 필요에 따라 맞춤 프로그램을 운영합니다. 이머제네틱스 이론을 활용한 STEP은 선생님에게 개별 학생들과 학급의 특성에 대한 정보를 제공하고, 학생들이 자신을 이해할 수 있도록 돕습니다.

STEP을 통해 학생들이 받는 혜택은

첫째, 자존감을 확립하고

둘째, 학습에 대한 동기적 요인을 이해합니다.

셋째, 타인에 대해 인식할 수 있게 되며,

넷째, 타인의 잘못도 너그럽게 받아들이거나 용서할 수 있게 됩니다.

다섯째, 학업 성취도가 개선됩니다.

선생님들이 얻는 통찰력은

첫째, 과학적인 리서치 결과를 활용한 교수법을 개발할 수 있으며,

둘째, 성인 프로파일 결과를 통해 자신의 성향에 맞춘 교육에 대한 접근법은 무엇인지 성찰하며

셋째, 나와 다른 성향을 가진 학생들을 어떻게 가르치면 좋을지

넷째, 교사로서 필요한 트레이닝은 무엇인지 이해하도록 돕습니다.

이 밖에도 STEP은 학습 방법의 디자인, 진로 설계와 지도 등 다양한 부분에서 활용되고 있습니다.

2

이머제네틱스 검사의 실시 방법

몇 살부터 이 검사를 수행할 수 있을까요?

만 10세 이후부터 할 수 있습니다. 거의 모든 성격검사는 만 10세 이후를 기준으로 합니다. 스스로 자신을 인식하여 검사에 임할 수 있고, 또한 자신의 생각이나 정서에 대한 패턴을 발견할 수 있는 나이가 만 10세 정도이기 때문입니다.

다른 검사와의 차별성은 무엇일까요?

첫째, 뇌 과학에 기반해 제작되었다는 점입니다. 뇌 선호 유형에 반영된 생각과 행동 패턴으로 인간의 기질을 이해할 수 있습니다.

둘째, 강점을 기반으로 하고 있습니다. 모든 선호 유형은 각각의 강점이 있습니다. 그 강점의 본질을 잘 이해하고 활용할 때 잠재력을 극대화할 수 있습니다.

셋째, 해석과 활용이 용이합니다. 기존의 많은 검사들은 그 해석을 이해하기 어려워 실생활에 적용하는 것이 거의 불가능했지만, 뇌 선호 유형 검사의 경우 네 가지 생각 선호와 세 가지 행동 선호의 의미를 이해하면 자신의 타고난 기질에 대해 정확히 알 수 있으며 일상생활에서 겪는 다양한 문제를 해결하는 데 도움을 줄 수 있습니다.

넷째, 자신에 대한 이해뿐 아니라 타인과의 상대적 비교를 통해 그 역동을 쉽게 이해할 수 있습니다. 같은 선호라고 해서 같은 에너지를 사용하는 것이 아닙니다. 쉽게 말해 똑같이 분석적 선호 유형이라 하더라도 그 에너지의 강도는 사람에 따라 다를 수 있다는 의미입니다. 이 부분이 명료하게 수치화되어 나타나므로 타인에 대한 이해의 폭이 넓어집니다.

검사는 어떻게 시행할 수 있나요?

이머제네틱스에서 자격을 부여받은 개인이나 기관에 신청하면 검사에 필요한 코드를 얻을 수 있습니다. 이 코드를 온라인에 입력하면 누구나 간편하게 검사를 시행할 수 있습니다.

내 아이의 잠재력을 찾아주는 기질의 힘

아이의 그릇

초판 1쇄 발행 2021년 1월 18일
초판 3쇄 발행 2021년 6월 9일

지은이 이정화
펴낸이 김선준

책임편집 임나리
편집2팀 배윤주
마케팅 조아란, 신동빈, 이은정, 유채원, 유준상
경영관리 송현주
디자인 강수진

펴낸곳 ㈜콘텐츠그룹 포레스트 **출판등록** 2021년 4월 16일 제2021-000079호
주소 서울시 영등포구 국제금융로2길 37 에스트레뉴 1304호
전화 02) 332-5855 **팩스** 02) 332-5856
홈페이지 www.forestbooks.co.kr **이메일** forest@forestbooks.co.kr
종이 (주)월드페이퍼 **출력 · 인쇄 · 후가공 · 제본** (주)현문인쇄

ISBN 979-11-91347-01-2 03590